AF590514

ESSAI

SUR LE

DÉFRICHEMENT DES TERRES INCULTES

DE LA BELGIQUE.

Imprimerie de F. Parent,
MONTAGNE DE SION, 17.

ESSAI

SUR LE

DÉFRICHEMENT DES TERRES INCULTES

DE LA BELGIQUE;

Par J.-B. Bivort,

AUTEUR DE DIVERS OUVRAGES DE JURISPRUDENCE, MEMBRE DE PLUSIEURS SOCIÉTÉS SAVANTES, ETC.

L'agriculture est la base la plus solide des intérêts matériels de la société.

Bruxelles,

LIBRAIRIE DE DEPREZ-PARENT,

RUE DE LA VIOLETTE, 13.

ET CHEZ TOUS LES LIBRAIRES DU ROYAUME.

1844.

DU DÉFRICHEMENT

DES

TERRES INCULTES DE LA BELGIQUE.

La question du défrichement se lie intimement aux intérêts agricoles du pays ; elle est du domaine de l'économie politique, puisque la mise en valeur de nos terres incultes aurait pour résultat d'augmenter la richesse nationale. En présence des souffrances actuelles de l'industrie, le défrichement peut aussi devenir une question d'économie sociale, en ce qu'il aurait pour effet de procurer du travail à la classe ouvrière et d'améliorer sa condition matérielle dans l'avenir. Considérée sous ce double point de vue, cette question offre le plus haut intérêt, et nous croyons que le ministre qui parviendrait à la faire résoudre, aurait assez fait pour la chose publique et pour sa propre gloire.

Déjà, sous le gouvernement de Philippe II, on avait songé à rendre à la culture les parties improductives de notre territoire, mais les mesures prises dans ce but, depuis plus de deux siècles et demi, n'ont donné que peu ou point de résultats. Aussi peut-on dire que la question du défrichement est encore à l'état de problème.

Le Roi, en visitant, en 1837, l'Ardenne liégeoise et, en 1843, l'Ardenne luxembourgeoise, manifesta la volonté de voir ces contrées sortir de leur état de stérilité. Cette noble pensée a été reproduite depuis dans le dernier discours du trône; on y lit ce qui suit :

« La Belgique, si renommée par ses progrès agricoles, » renferme cependant des territoires incultes; mon gou- » vernement vous demandera des pouvoirs pour amener un » résultat qui procurerait à nos populations des ressources » nouvelles. »

Sous la date du 30 juin 1843, M. le ministre de l'intérieur (Nothomb) a adressé sur l'objet, aux députations permanentes des conseils provinciaux, la circulaire ci-après :

« Messieurs, d'après un tableau de statistique territoriale, inséré dans le rapport sur la situation administrative des provinces, publié sous l'administration de mon prédécesseur, les bruyères, fanges et terrains vagues occupent une surface de près de 237,000 *hectares* (1), c'est-à-dire d'environ le *douzième* du territoire du royaume.

» La Campine anversoise et limbourgeoise figure *pour plus de moitié* dans ce chiffre; le Brabant, pour 1,170 hectares; la Flandre occidentale, pour 4,576 hectares; le Hainaut, pour 1,574; la province de Liége, pour 12,414; le Luxembourg y figure à lui seul *pour* 94,000 *hectares.*

» Je ne suis pas encore en mesure d'apprécier la quantité de terrains vagues appartenant aux communes; des renseignements statistiques ont été demandés, à ce sujet, au département des finances; mais tout porte à croire que ce sont les communes qui en possèdent encore la plus grande partie.

(1) Dans ce chiffre ne sont pas compris les terrains essartés ou couverts de broussailles, qui ne donnent que des produits insignifiants et peuvent être considérés aussi comme terrains à défricher.

» Il serait sans doute superflu, Messieurs, d'énumérer les avantages immenses que procurerait au pays la mise en culture d'une portion de ces terrains. Vous êtes convaincus comme moi que, profitables aux communes et aux particuliers, la vente et le défrichement des bruyères ne le seraient pas moins pour l'État; les avantages qui en résulteraient pour la généralité seraient même tellement importants, que l'on pourrait considérer la question du défrichement des bruyères comme une véritable question d'*utilité publique*.

» Si la mise en culture d'une aussi grande quantité de terrain vague serait en tout temps une opération désirable, combien ne le deviendrait-elle pas davantage à une époque où l'industrie semble en proie à une crise causée, peut-être en partie, par un excès de développement! Et ne serait-ce pas un bienfait pour les populations ouvrières, si les bras inactifs pouvaient être utilisés par la colonisation des bruyères et guidés dans ces travaux par une administration sage et prévoyante?

» Long-temps l'administration supérieure avait pensé qu'il suffisait de s'en remettre, à cet égard, à l'intérêt particulier: que l'activité nationale, qui s'attache avec une ardeur si remarquable à des entreprises de tout genre, et quelquefois même à des entreprises plus ou moins incertaines, se tournerait un jour vers la mise en culture de nos nombreuses bruyères; un pareil espoir n'avait rien de chimérique, puisqu'un passé, encore peu éloigné de nous, nous enseigne que, convenablement traité, le sol de la bruyère est susceptible de produire de belles cultures et de procurer, au bout de quelques années, des bénéfices satisfaisants. Diverses causes, dans l'examen desquelles je crois inutile d'entrer pour le moment, ont perpétué jusqu'à nos jours l'état d'abandon et d'infertilité dans lequel est demeurée une partie si notable de notre territoire.

» Ces causes, Messieurs, vous ne les ignorez pas; vous savez que l'une des principales est la résistance opiniâtre qu'opposent aux ventes de terrains vagues les populations qui profitent de droits d'usage sur ces terrains, droits qui, pour être d'une certaine utilité pour ces populations, n'en sont pas moins funestes au développement de l'agriculture.

Vous savez que cet esprit de résistance intéressée se glisse jusque dans le sein des conseils communaux et des administrations communales, et paralyse ainsi tout projet d'amélioration.

» L'espoir que l'on avait fondé sur l'intérêt particulier ne s'est pas réalisé ; quelques efforts isolés ont eu lieu ; mais soit qu'ils n'aient eu aucun retentissement, soit que les sacrifices soutenus de temps et d'argent qu'exige tout essai de défrichement aient effrayé la généralité, ces exemples n'ont eu que peu d'imitateurs.

» Dans cet état de choses, en présence de cette inertie des communes et des particuliers, il y a lieu, me semble-t-il, de rechercher s'il ne conviendrait pas que le gouvernement provoquât quelque grande mesure administrative ou même législative, afin de donner au défrichement des terres incultes une impulsion vigoureuse et surtout soutenue.

» Déjà, sous le règne de Marie-Thérèse, dont l'administration a laissé à la Belgique des souvenirs si chers, des mesures énergiques avaient été prescrites pour atteindre ce but. Une ordonnance du 25 juin 1772 exemptait de tout impôt, pendant les trente premières années du défrichement, et de la moitié des impôts, pendant un second terme de trente ans, tous ceux qui se livreraient au défrichement des bruyères et terrains vagues de la Campine ; de plus, cette ordonnance enjoignait aux communes de procéder dans les six mois à la vente de ces terrains, prescrivait des mesures très-sages quant à l'emploi des fonds à en provenir et disposait en outre que, dans les communes où la vente n'aurait pas été effectuée dans les six mois, tout particulier pouvait obtenir de l'administration supérieure la concession d'une certaine portion de terrains à charge d'en défricher un dixième chaque année et d'en payer à la commune soit le prix à dire d'experts, soit la rente à un intérêt très-modique.

» Les établissements publics et jusqu'aux particuliers possesseurs de terrains laissés sans culture, étaient soumis par cette ordonnance aux mêmes obligations.

» Sans doute, des mesures de ce genre ne concorderaient plus toutes avec l'esprit de nos institutions ; mais on ne peut disconvenir qu'elles ne tendissent énergiquement vers un but de véritable intérêt général.

» En vous adressant ces considérations, qui pourront être communiquées au conseil provincial dans sa prochaine session, j'exprimerai le vœu que cette assemblée, ainsi que votre collége, fixent toute leur attention sur une matière qui touche à tant d'intérêts divers et recherchent quels sont les meilleurs moyens qui pourraient être employés pour retirer de l'état d'infertilité les terres en friche de la province que vous administrez. Dans l'examen de ces moyens, vous aurez égard à l'intérêt des populations qui usent aujourd'hui de ces terrains, aux avantages qu'ils procurent aux communes propriétaires; vous les comparerez aux avantages financiers qui pourraient résulter de leur mise en culture, soit immédiatement, soit plus tard, pour la province et l'État. Je crois superflu, Messieurs, de vous tracer un cadre pour votre réponse.

» J'ose recommander ce travail à toute votre sollicitude et vous prie de vouloir bien m'accuser la réception de la présente. »

Il était naturel que le gouvernement prît d'abord sur la question l'avis des autorités provinciales, car elles sont les tutrices nées des communes propriétaires des terrains; les commissions provinciales d'agriculture devaient aussi être consultées, puisqu'elles sont chargées de la défense des intérêts agricoles, et qu'elles doivent connaître les besoins de l'agriculture et les améliorations qu'elle réclame.

Nous allons résumer succinctement les différents systèmes proposés par les conseils provinciaux ou leurs députations permanentes, et par les commissions provinciales d'agriculture. Nous indiquerons aussi ceux qui ont été mis en avant par quelques économistes et agronomes belges, MM. Ducpétiaux, Constant, Desaive, Wodon, Stephens, Le Docte et autres. Nous terminerons notre résumé en faisant connaître les systèmes écrits dans l'ancienne législation sur la matière. Nous examinerons successivement et nous discuterons tous ces systèmes, pour passer enfin aux moyens qui nous paraissent les plus propres à assurer le défrichement et la mise en valeur de nos terres incultes.

Mais, avant d'aborder notre analyse, nous croyons devoir faire remarquer qu'il ne peut entrer dans notre plan, d'examiner s'il est préférable d'ensemencer les terrains incultes en bois ou en céréales, ou bien de les convertir en prairies. Nous ajouterons, que nous n'entendons pas non plus nous occuper des modes de culture à employer pour rendre les terrains productifs; le cadre de notre travail ne nous le permet pas. D'ailleurs, la législature ne peut être appelée à discuter ces points, et il serait oiseux de s'en occuper avant de savoir si le défrichement sera réellement ordonné. Nous ne négligerons pas toutefois de mentionner ici que, vers la fin du siècle dernier, il a été présenté à l'Académie royale des sciences et belles-lettres de Bruxelles, différents mémoires : 1° sur l'essai chimique des terres pour servir de principes fondamentaux relativement à la culture des bruyères; 2° sur la pratique des enclos adoptée en Angleterre comme moyen efficace et prompt de fertiliser les terrains nouvellement défrichés, et 3° sur les obstacles qui s'opposent à une meilleure culture des Ardennes, et les remèdes à y apporter. Ces travaux et d'autres de même nature qui ont été soumis à l'illustre compagnie, mais dont quelques-uns seulement sont imprimés (1), peuvent être consultés avec fruit, et il serait utile d'en publier un résumé. La même académie vient de fixer de nouveau son attention sur cet objet important; on trouve, en effet, parmi les questions qu'elle a proposées pour le concours de 1846, celle qui suit :

« L'Académie demande une dissertation raisonnée sur les
» meilleurs moyens de fertiliser les landes de la Campine et
» des Ardennes, sous le point de vue de la création de fo-
» rêts, de prairies et terres arables (2). »

MM. Constant (3), Le Docte (4) et la députation perma-

---

(1) *Mémoires de l'Académie impériale et royale des Sciences et Belles-Lettres de Bruxelles,* T. II et V.

(2) *Bulletin des Séances de l'Académie royale de Bruxelles,* T. XI, année 1844.

(3) *Du Défrichement des terrains sablonneux, et particulièrement des bruyères de la Campine.* — Bruxelles, Deprez Parent, 1839.

(4) *Essai sur l'amélioration de l'agriculture en Belgique,* suivi d'un

nente du Luxembourg dans un écrit récent (1), nous paraissent aussi avoir émis des vues excellentes sur les meilleurs moyens à employer pour faire fructifier nos terrains incultes. Enfin, nous possédons sur les différents modes de culture, des ouvrages remarquables, parmi lesquels nous citerons ceux publiés par MM. de Gasparin, pair de France (2), et Scheidweiler, professeur à l'École vétérinaire et d'agriculture de l'État, établie à Cureghem lez-Bruxelles (3).

Revenons à l'objet de notre essai, pour faire connaître les différents moyens de défrichement proposés jusqu'à ce jour.

CONSEILS PROVINCIAUX OU DÉPUTATIONS PERMANENTES (4).

PROVINCE D'ANVERS. *Rapporteur, M. le baron J. Diert :* établissement préalable de voies de communication pour servir au transport des engrais; — vente des terrains, par lots d'une grande étendue ou par petites parcelles, selon que les terrains sont plus ou moins éloignés des routes ou canaux; — exemption de tous impôts pour les terrains défrichés.

BRABANT. *Rapporteur, M. J. Mascart :* Les communes res-

Mémoire sur le défrichement des landes et bruyères; par M. Le Docte, cultivateur au château d'Abée-en-Condroz, et régisseur au château d'Op-Lieux, province de Limbourg. Liége, Desoer, 1843.

(1) *Rapport de la députation permanente du conseil provincial à M. le ministre de l'intérieur, sur le défrichement des bruyères et des terres vagues dans la province de Luxembourg.* Arlon, Bruck, 1844.

(2) *Cours d'agriculture,* par le comte de Gasparin, pair de France, membre de l'Académie des Sciences, de la Société royale et centrale d'agriculture. — Paris, au bureau de la Maison Rustique, quai Malaquais, 19. 1843, 2 vol. in-8°.

(3) *Cours raisonné et pratique d'agriculture et de chimie agricole,* par Scheidweiler. — Bruxelles, Hauman et comp., 1843, 2 vol. in-8°.

(4) Voy. les procès-verbaux des séances des conseils provinciaux, session de 1843, insérés dans les *Mémoriaux administratifs* des provinces de la même année.

teraient chargées du soin de faire défricher leurs terrains, et il interviendrait une loi pour les obliger à porter annuellement à leurs budgets une allocation destinée à couvrir les frais de la mise en culture. (Session de 1843.) Dans sa session de 1844, le conseil provincial a de nouveau été saisi de la question, mais il a décidé qu'il ne pouvait que maintenir les vues qu'il avait émises dans sa session précédente (1).

Flandre occidentale. *Rapporteur, M. Roels :* Le conseil provincial n'a pas présenté d'idées générales sur la question du défrichement ; il n'a porté son attention que sur la bruyère dite *het vry Gewyd*, située dans les communes de Ruddervoorde et de Zwevezeele, et dont la nu-propriété appartient à l'État ; pour parvenir au défrichement de cette bruyère, il propose l'expropriation, pour cause d'utilité publique, du droit qu'ont les usagers de faire pâturer leurs bestiaux dans cette même bruyère, d'y couper de l'herbe et du jonc, et d'y prendre de la tourbe.

Toutefois, la députation permanente, dans le rapport qu'elle avait fait sur l'objet au conseil provincial, avait émis quelques vues générales. Dans l'opinion de ce collége, les terrains incultes doivent être soustraits au parcours commun, et leur mise en culture, de facultative qu'elle est, doit être rendue obligatoire.

Flandre orientale. Le conseil provincial n'a pas délibéré sur la question, lors de sa session de 1843. La question lui ayant été de nouveau soumise en 1844, il a chargé la députation permanente de donner en son nom, et après s'être entourée des renseignements nécessaires, un avis sur les mesures propres à provoquer le défrichement (2).

Hainaut. *Rapporteur, M. De Fuisseaux :* Le conseil provincial, sans rien préjuger sur les opinions contenues dans le rapport de la commission, s'est borné à décider que cette pièce serait imprimée et renvoyée à la députation permanente, pour y avoir tel égard qu'elle jugerait convenir.

---

(1) *Moniteur belge* du 18 juillet 1844.

(2) *Moniteur belge* du 13 juillet 1844.

Les aperçus que contient ce rapport, se résument comme suit :

1° S'opposer à toutes les mesures d'intérêt général qui tendraient à assimiler le Hainaut aux autres provinces;

2° Prendre en considération la classification suivante que réclament les terrains incultes du Hainaut; *a* : terrains sablonneux tout à fait stériles; *b* : terrains sablonneux produisant quelque peu d'herbes; *c* : bruyères boisées qui procurent un maigre pâturage; *d* : marais non saignés qui donnent un pâturage abondant, mais de mauvaise qualité ; *e* : marais asséchés produisant un bon pâturage;

3° S'opposer à la tendance des communes d'aliéner leurs propriétés; toutefois, les terrains de la première et de la seconde classe pourraient être aliénés ou arrentés, mais, dans ce cas, les ventes ou les arrentements devraient s'opérer par petites parties et successivement.

4° Défendre l'existence des familles qui habitent ces bruyères. N'opérer que sur ce qui leur est superflu, et concilier, dans tous les cas, les exigences de l'utilité publique avec la protection due aux classes inférieures, et le respect aux droits acquis;

5° Provoquer des règlements pour la jouissance et le pâturage des terrains vagues;

6° Stimuler le zèle des administrations communales à opérer les travaux d'assèchement;

7° Appeler l'attention du gouvernement sur les moyens de colonisation des bruyères, sur l'établissement des fermes et villages modèles, des hospices d'aliénés, des dépôts de mendicité. C'est dans les terrains de la troisième classe qu'on pourrait, après avoir fixé tout ce qui est nécessaire à la classe indigente, réaliser les projets de colonisation et de création d'institutions de bienfaisance.

Dans les contrées qui contiennent une grande partie des terrains de la quatrième classe, on en vendrait une partie et on emploierait le prix à l'amélioration du reste; on pourrait aussi, au moyen de subsides de la province et du gouvernement, améliorer successivement une partie de ces terrains.

En ce qui concerne les terrains de la cinquième classe, leur fertilité est assurée, il suffirait d'en régler l'usage, et d'en proportionner l'étendue aux besoins réels des populations.

Ajoutons que, dans le rapport sur la situation administrative de la province, que la députation permanente du Hainaut a présenté au conseil provincial dans sa session de 1844, ce collége propose comme moyen de défrichement, de louer des terrains aux habitants des communes, par baux à longs termes (1).

Province de Liége. *Rapporteur, M. Sagehomme :* Le conseil, sur la proposition de la commission, a chargé la députation permanente de lui faire un rapport sur cette affaire, dans la session de 1844 (2).

Province de Limbourg. Le conseil provincial a ajourné, à sa session de 1844, la discussion sur l'objet; il a toutefois, dans sa session de 1843, émis l'avis qu'on assurerait le défrichement, en privant de tous subsides les communes qui refuseraient de mettre leurs terres incultes dans le commerce (3).

Province de Luxembourg. Le conseil provincial n'a pas été saisi de la question, lors de sa réunion de 1843; cependant il s'en est occupé indirectement, en chargeant la députation permanente d'appuyer auprès du gouvernement une requête du conseil communal de Saint-Hubert, par laquelle cette compagnie offrait gratuitement cent hectares et plus de terres incultes, pour l'établissement d'une ferme-modèle avec école d'agriculture. Cette décision a été prise sur la proposition de M. Sohier, qui considérait cette création

---

(1) Page 283 et suiv. du *Rapport*. — Mons, Monjot, 1844.

(2) Ce rapport a été présenté le 6 juillet dernier au conseil provincial; mais dans sa séance du 26 du même mois, cette assemblée a renvoyé à la session de 1845, l'examen des conclusions du rapport. (*Monit. B.* du 31 juillet 1844.)

(3) Il résulte du *Moniteur belge*, qu'un rapport a été présenté au conseil provincial, dans la séance du 11 juillet dernier. Ce rapport n'ayant pas encore été publié, nous ne pouvons faire connaître les moyens proposés.

comme un moyen sûr d'amener le défrichement de l'Ardenne luxembourgeoise.

Dans sa session de 1844, le conseil provincial a adopté les vues émises sur la question dans le rapport que la députation permanente a adressé au département de l'intérieur, et que nous avons déjà cité.

Voici comment les auteurs de ce travail remarquable résument les idées qui s'y trouvent développées : « Les premiers efforts doivent être dirigés vers la mise en culture des bruyères qui appartiennent aux particuliers. — On y parviendra : en propageant les semis de genêts; en construisant des routes agricoles; en établissant sur divers points du centre de l'Ardenne des dépôts de chaux destinés à l'agriculture; en allouant des primes de défrichement, des exemptions d'impôts de toute nature et pendant nombre d'années; enfin et surtout, en accordant des encouragements pour l'amélioration de nos diverses races de bestiaux, en favorisant de toute manière la vente de ces bestiaux, afin d'augmenter les capitaux si rares en Ardenne, pour les appliquer à des améliorations agricoles.

» Les mêmes encouragements seraient, en général, accordés pour le défrichement des bruyères communales. Les terrains seraient ensuite cédés aux habitants soit par baux à longs termes, soit par aliénation à titre onéreux. On prendrait pour point de départ les endroits habités et on étendrait autour des villages la ceinture cultivée, en rendant, moyennant une rente minime, propriétaires ceux qui ne le sont pas, en cédant du terrain pour arrondir les champs contigus à la bruyère. On applanterait avec les essences de bois les plus utiles dans l'avenir et en vue de l'intérêt général, les parties de bruyères communales les plus éloignées ou les moins susceptibles de culture, sur les côtes et en plaine, et on multiplierait ainsi les abris boisés, afin de protéger la culture elle-même; enfin, entre la zone cultivée et la zone boisée, laisser une grande partie de bruyère qui, en attendant les besoins d'une culture plus étendue, plus développée, continuerait d'être livrée au parcours des troupeaux communs. »

Province de Namur. Le conseil provincial ne s'est pas occupé de l'objet, lors de sa réunion de 1843 (1).

COMMISSIONS PROVINCIALES D'AGRICULTURE.

Province d'Anvers. La commission n'a produit aucun rapport, mais l'un de ses membres, M. Pauwelaert-Vermoelen, a présenté ses vues sur la question, dans un rapport qu'il a soumis à M. le ministre de l'intérieur. Les moyens qu'il propose comme devant amener le défrichement de la Campine, sont les suivants : peupler les contrées à défricher en y transplantant des familles pauvres des Flandres; — charger le gouvernement d'acheter une partie des terres incultes; — diviser la partie acquise en lots de trois ou de six hectares, et établir une petite ferme sur chaque lot; — céder ensuite, par bail emphytéotique, les fermes aux colons, moyennant une légère redevance annuelle (2).

Brabant. *Rapporteur, M. Ronnberg* : Il serait facultatif aux communes de défricher elles-mêmes leurs terrains, mais elles seraient tenues de le faire dans un délai déterminé; — les communes seraient obligées de vendre les parties de terres qu'elles ne voudraient ou ne pourraient pas exploiter par elles-mêmes ; — on imposerait aux acquéreurs la condition de suivre un certain mode de culture, qui serait indiqué par les agents du gouvernement; — on établirait dans les contrées qu'il s'agirait de rendre à la culture, des fermes-modèles qui serviraient à l'étude de la théorie et de la pratique de l'art de cultiver (3).

Province de Liége. *Rapporteur, M. Beaujean* : Établissement préalable de voies de communication dans les con-

---

(1) Nous regrettons vivement de ne pas être en position de faire connaître la décision que cette assemblée a prise dans sa session de 1844, et qui n'est que mentionnée dans le *Moniteur belge* du 13 juillet de la même année.

(2) Un mot de réponse à la circulaire de M. le ministre de l'intérieur en date du 30 juin 1843, relative au défrichement des bruyères.

(3) *Moniteur belge* de 1844.

trées incultes; — reboisement des pentes et création de rideaux d'arbres; — cessation de l'indivision; — vente par expropriation, pour cause d'utilité publique et de dix ans en dix ans, des terrains aux habitants de la commune, moyennant une redevance annuelle ou d'un intérêt jusqu'à parfait payement du prix d'acquisition, et à la condition par l'acquéreur d'opérer le défrichement ou le reboisement de ses parcelles dans le terme de trois ans, sous peine d'en perdre la propriété sans indemnité aucune; — exemption pendant un long terme, de la contribution foncière qui frapperait les parcelles vendues; — dédommagement à offrir à la commune pour le droit de pâturage qu'elle a sur les biens à aliéner; — institution, dans chaque province, d'une commission chargée de s'entendre avec les administrations communales dont les biens seraient aliénés, et de prendre telle résolution que réclamerait le bien public; cette commission serait en même temps un conseil de consultation en matière d'agriculture (1).

Province de Limbourg. *Rapporteur, M. A. Rolans :* Le gouvernement serait autorisé à ordonner l'aliénation des terrains dans une proportion à déterminer d'après l'avis d'une commission *ad hoc;* — les terrains situés à proximite des communes seraient vendus par parcelles d'un hectare, et les terrains éloignés par parcelles de dix hectares; — le prix de vente serait payé, la moitié dans le terme de cinq ans, l'autre moitié au bout de dix ans : il produirait, en cas d'acquisition des terrains par les habitants mêmes de la commune, un intérêt annuel de 2 %, et un intérêt de 3 % s'ils étaient achetés par des personnes étrangères à la commune; — tous les cinq ans on exposerait en vente un quart des terrains à aliéner; — au bout de chaque période, une commission serait chargée d'examiner l'état des parcelles adjugées, et de déclarer s'il y a commencement suffisant de défrichement; si la déclaration était négative, l'acquéreur serait dépossédé; il perdrait les intérêts déjà

(1) *Rapport* adressé à la députation permanente du conseil provincial, par la commission d'agriculture, *sur le défrichement des landes et bruyères.* — Liége, J.-A. Latour, 1844.

payés, et sa parcelle serait réunie à la nouvelle portion de terrains à mettre en vente (1).

ECONOMISTES ET AGRONOMES.

M. Ducpétiaux : Voici son système : « On diviserait en deux classes les bruyères et les terres incultes : dans la première classe seraient rangées les parcelles isolées qui ne pourraient se rattacher à un centre principal de défrichement et de culture; dans la seconde, les terrains d'une certaine étendue susceptibles d'être défrichés et cultivés sur une grande échelle.

» La loi laisserait l'option aux communes propriétaires des parcelles comprises dans la première classe, soit de les mettre elles-mêmes en valeur, soit d'en opérer la vente dans un délai déterminé.

» La vente ou l'expropriation des terrains de la deuxième classe serait commandée comme mesure d'utilité publique.

» L'acquisition en serait faite par l'État, soit au moyen du payement intégral, soit au moyen d'une redevance annuelle.

» L'État exploiterait par lui-même les terrains qu'il aurait acquis. Les travaux préalables nécessaires à l'exploitation se feraient sous la direction d'ingénieurs agricoles ou de surveillants expérimentés, par les détenus dans les dépôts de mendicité.

» Les travaux préalables terminés, on construirait sur les terrains préparés pour la culture, soit des habitations, soit des villages modèles.

» Les habitations isolées seraient louées à des conditions également avantageuses aux locataires et à l'État; on faciliterait à ceux-ci les moyens d'acquérir leur ferme dans un terme plus ou moins rapproché; l'État récupérerait ainsi successivement une partie de ses avances.

» Les habitations formant les villages-modèles seraient aussi données en location, mais à la condition de l'exploitation en commun des terres annexées à chaque village.

(1) Voy. le rapport dans le *Moniteur belge* de 1843, n° 338.

» On établirait dans quelques-uns des villages-modèles, soit une ferme expérimentale, soit une école d'agriculture. Ces établissements occuperaient, autant que possible, une position centrale, de manière à profiter non-seulement aux communes où ils seraient situés, mais encore aux communes voisines et généralement au pays entier. On pourrait y annexer des établissements spéciaux pour les enfants trouvés, les enfants pauvres, les jeunes libérés, qu'on occuperait ainsi utilement à l'agriculture.

» Une exemption d'impôts serait accordée aux locataires pour un terme de vingt ou trente ans. Des avances pourraient aussi leur être faites à certaines conditions, pour leur faciliter la mise en exploitation.

» Les familles indigentes des communes expropriées, seraient appelées les premières à participer aux avantages de la mise en culture des terrains acquis par l'État (1). »

M. Constant.—En ce qui concerne la Campine plus spécialement : Établissement préalable de voies de communication et de moyens d'asséchement et d'irrigation; — division des terres en propriétés de moyenne étendue; — vente ou concession successive des terrains; — prescription d'un mode de culture comme clause de la vente ou de la concession; — création d'exploitations-modèles et d'écoles d'agriculture (2).

M. Wodon.—Concession définitive et préalable, à charge de rentes, des terrains sur lesquels les détenteurs actuels ont des droits acquis; — aliénation, sous certaines conditions de culture, des terrains situés à plus d'une demi-lieue des habitations, et acquisition de ces biens par le gouvernement; — partage, entre les habitants, des terres situées aux abords des villages et des hameaux; — établissement de villages-modèles pour les familles qui seraient appelées à peupler les contrées en friche et à opérer le défrichement; — concession, en faveur des colons, moyennant une rente

(1) Ed. Ducpétiaux : *Le Paupérisme en Belgique. Causes et remèdes.* Bruxelles, Decq, 1844.

(2) *Du Défrichement des terrains sablonneux, et particulièrement des bruyères de la Campine.* — Bruxelles, Deprez-Parent, 1839.

ou un prix à fixer d'avance, des terrains qu'ils auraient améliorés sous la direction et les ordres d'un régisseur (1).

M. Max. De Saive.— On établirait, dans les terrains à défricher, des colonies agricoles qui seraient placées sous la direction d'une compagnie de colonisation ; — de petites fermes, au nombre de 20,000, rapprochées les unes des autres et destinées à recevoir les colons, seraient construites par les soins de la compagnie ; — la compagnie ferait aussi construire des routes, des chemins vicinaux, des canaux d'irrigation, et livrerait aux colons des animaux domestiques, des instruments aratoires et de jeunes plants : les colons feraient le reste sous la direction d'agronomes-ingénieurs; — un fonds spécial de 40,000,000 de francs serait destiné à couvrir les dépenses, le gouvernement en fournirait la moitié, l'autre moitié serait faite au moyen de souscriptions volontaires ;— les colonies seraient affranchies de toute espèce d'impôts pendant dix ans; — au bout de ce terme, on céderait aux colons, en pleine propriété, la moitié de leur exploitation (2).

M. Stephens. — Partager les terrains par portions égales entre les habitants, à la condition de les mettre en valeur dans le délai de dix ans ; — soumettre celui qui n'aurait pas cultivé ses parcelles dans ce terme, au payement de la contribution pendant dix autres années, comme si sa terre était une terre de première classe ; —exempter, pendant un même laps de temps de l'impôt, les terrains défrichés; — attribuer à l'État toutes les terres qui, vingt ans après la promulgation de la loi, seraient restées incultes, et reconnaître à tout Belge le droit de s'approprier et d'exploiter les terrains appartenant à l'État et restés en friche vingt ans après la publication de la loi (3).

M. Orban. — D'après cet honorable industriel, la construction du canal du Luxembourg, qui permettrait aux

(1) *Des moyens de fertiliser les Ardennes, le Condroz, la Campine.* Liége, N. Redouté, 1843.

(2) *Sentinelle des Campagnes*, année 1842.

(3) *Mémoire sur les moyens d'utiliser les terrains incultes en général.* Verviers, Nautet. 1844, pp. 15 et 16.

Ardennais de se procurer facilement la chaux nécessaire à l'engrais des terres, favoriserait considérablement le défrichement (1).

M. Le Docte. — Dans l'opinion de cet agronome, il faut laisser aux propriétaires le soin de mettre en valeur la plus grande partie des terrains à défricher; toutefois, le gouvernement doit prendre l'initiative et donner l'exemple, en établissant une ferme-modèle. Encouragés par de premiers succès, les propriétaires ne craindraient plus de se livrer à de semblables entreprises, même sans y être excités (2).

Le journal *le Globe* (belge). — Vente d'une portion des bruyères, tantôt du quart, tantôt du cinquième, suivant les circonstances et les localités ;—facilités à accorder pour le payement du prix d'acquisition;—exemption de tout impôt pendant trente ans;—adoption d'un système de conciliation entre les intérêts du présent et ceux de l'avenir (3).

SYSTÈMES DE L'ANCIENNE LÉGISLATION SUR LA MATIÈRE.

1577, 13 *juillet.* — Octroi de Philippe II, portant qu'il est fait aux sieurs Pauwels, Dewitte et consorts, concession de la moitié des terrains vagues qu'ils mettront en culture dans les Pays-Bas, et que l'autre moitié sera la propriété de l'État (4).

1586, 23 *juin.* — Octroi réduisant au tiers des terrains vagues défrichés, la concession faite par l'octroi du 13 juillet 1577, et attribuant le second tiers aux provinces et la troisième à l'État (5).

1755, 15 *août.* — Décret du duc Charles de Lorraine, qui, à la demande des états députés du Hainaut, enjoint aux maires et échevins de cette province, de fournir une déclaration exacte de la contenance, de la qualité, de la nature

(1) *Enquête commerciale et industrielle;* n° 157 des *Actes de la Chambre des Représentants* de la session de 1840-1841, p. 759.

(2) Ouvrage déjà cité, pp. 65 et 104.

(3) Numéro du 9 juin 1844.

(4) Registre in-folio des *Chartes de la Chambre des comptes,* n° 12.

(5) Reg. déjà cité.

et de la situation des parties de marais, bruyères, communes et waressaix qui se trouvent sur leurs territoires respectifs, comme aussi de faire connaître l'usage qu'on pourrait faire de ces biens, les droits que les communautés y ont seules ou en société avec leurs seigneurs ou avec une autre communauté, les plantis ou droits de concours qui y existent (1).

1757, 16 *février*. — Décret rendu sur la représentation des états du Hainaut, et portant que les communautés de cette province devront procéder, dans le terme de six mois, au partage des communes, marais, bruyères et waressaix indivis, et prendre toutes les mesures et arrangements possibles pour les mettre en culture, en les exposant en vente, et, en partie, à louage pour un terme de 36 à 45 ans (2).

1757, 2 *avril*. — Décret rendu à la demande des députés des états du Hainaut, et portant que les communautés de cette province devront procéder par recours au louage des communes, marais, bruyères et waressaix, pour 36 à 45 ans, sans pouvoir les exposer en vente (3).

1757, 9 *mai*. — Décret rendu à la même requête, et portant que les communautés du Hainaut ne doivent mettre en location que les deux tiers de leurs communes, marais, bruyères et waressaix; que le tiers restant servira au pâturage commun du bétail, et que les petits marais environnés de maisons, ne doivent pas être compris dans la location (4).

1762, 25 *février*. — Ordonnance de Marie-Thérèse, disposant que ceux qui achèteront, défricheront et cultiveront des bruyères et autres terres incultes dans la province de Hainaut, jouiront pendant dix ans de l'exemption de toutes tailles, charges et impositions sur les terrains défrichés,

---

(1) Recueil intitulé : *Réglement donné à ceux de Soignies le 23 octobre 1690, avec différents décrets, ordonnances et réglements concernant les maires, échevins et communautés du pays de Hainaut.* — Mons, Wilmet, 1766. p. 105.

(2) Recueil déjà cité, p. 107.

(3) *Ibid.*, p. 108.

(4) *Ibid.*, p. 109.

et pendant vingt ans, de l'exemption de toute prestation de dimes (1).

1770. — Octroi de Marie-Thérèse, qui, dans le but d'encourager le sieur De Beelen, acquéreur de la bruyère d'Eckeren, près d'Anvers, à opérer le défrichement de cette bruyère, lui accorde divers priviléges et exemptions d'impôts (2).

1772, 25 *juin*. — Ordonnance de Marie-Thérèse, enjoignant aux communautés du Brabant d'aliéner leurs terrains incultes au prix d'estimation. Par cette ordonnance, certains priviléges et des exemptions d'impôts sont accordés à tous ceux qui entreprendront, dans la même province, le défrichement de bruyères, communes, terres vagues et incultes (3).

1773, 1er *mars*. — Ordonnance de Marie-Thérèse, modifiant le décret du 25 juin 1772 (4).

1773, 15 *septembre*. — Ordonnance de Marie-Thérèse, portant que les communes situées dans la province de Namur seront divisées en autant de portions qu'il y a de chefs de famille dans chaque communauté pour être partagées; que chaque portion ne pourra dépasser un bonnier, et que les lots partagés devront être mis en culture dans le délai de deux ans, sous peine de retourner en propriété à la communauté (5).

1774, 11 *mars*. — Ordonnance de Marie-Thérèse, portant que celui qui, en exécution de l'ordonnance du 15 septembre 1773, a obtenu une part dans une communauté, ne pourra plus en obtenir une deuxième dans une autre communauté, et que les terrains partagés en vertu de la même ordonnance ne pourront être vendus avant le terme de six années (6).

1774, 5 *octobre*. — Édit modifiant celui du 25 juin 1772 (7).

---

(1) Recueil déjà cité, p. 110.
(2) *Archives de l'État à Bruxelles.*
(3) *Ibid.*
(4) *Archives de l'État à Bruxelles.*
(5) *Ibid.*
(6) *Ibid.*
(7) *Ibid.*

1778, 7 *janvier*. — Édit donné en interprétation de celui du 25 septembre 1773, prémentionné (5).

On le voit, l'ancienne législation est féconde en systèmes. Philippe II partage les terrains incultes en deux parties; il en réserve une à l'État, et concède l'autre à l'industrie privée, à une société. Neuf années plus tard, cette concession est réduite au tiers des terrains; les deux autres tiers sont attribués, l'un aux provinces, l'autre à l'État.

Sous le gouvernement du duc Charles de Lorraine, on abandonne ces moyens pour ordonner l'aliénation d'une partie des terrains en faveur des particuliers, et la mise en location de l'autre partie. La même année, on défend la vente des terrains; la même année encore, ce système subit une nouvelle modification : deux tiers seulement des terrains peuvent être affermés, et le tiers restant est réservé au parcours commun.

Enfin, Marie-Thérèse prescrit l'aliénation des terrains au prix d'estimation, et elle attache au défrichement, des priviléges et une exemption de toute espèce d'impôts. Deux années plus tard, ce système est répudié, et le partage des terrains entre les chefs de famille est ordonné.

On a pu s'apercevoir que les différents systèmes dont nous venons de donner une analyse, ont plus ou moins d'analogie entre eux; afin de faciliter l'examen et d'abréger la discussion auxquels nous allons nous livrer, nous les réduirons à leur plus simple expression, en les dégageant de ce qu'ils ont de commun entre eux. Ces systèmes nous paraissent pouvoir être ramenés aux suivants :

1° Ordonner la vente, par expropriation pour cause d'utilité publique, de la totalité des terrains incultes, et abandonner à l'industrie privée le soin de les acquérir pour les exploiter; dans ce cas, le gouvernement, afin d'encourager les entreprises particulières, donnerait l'exemple du défrichement, en établissant quelques fermes-modèles;

2° Priver de toute espèce de subsides, les communes qui

---

(1) *Archives de l'Etat à Bruxelles.*

refuseraient de mettre leurs terrains incultes dans le commerce;

3° Forcer les communes à défricher successivement leurs terres incultes, et à porter annuellement, à cette fin, un crédit spécial au budget;

4° Obliger les communes à opérer le défrichement de leurs terrains, tout en leur accordant la faculté d'en aliéner les parties qu'elles ne voudraient pas ou qu'elles ne pourraient pas exploiter par elles-mêmes;

5° Vendre les terres incultes aux habitants de chaque commune, avec la faculté de se libérer, par fractions périodiques extinctives du prix d'acquisition;

6° Partager les terrains entre les chefs de famille de chaque commune, sous la condition de les exploiter dans un délai déterminé;

7° Donner les terrains en location à long terme aux habitants de chaque commune;

8° Ordonner la vente d'un tiers des terrains aux particuliers; mettre le deuxième tiers en arrentement au profit des habitants de chaque commune, et réserver le troisième tiers au parcours commun, après avoir réglementé le droit de pâturage;

9° Décréter la concession des terrains en faveur de *Sociétés* qui se formeraient pour en entreprendre le défrichement; diviser les terrains en lots de 3 et 6 hectares pour y construire de petites fermes qui, au bout d'un certain nombre d'années, seraient attribuées aux colons, par bail emphytéotique, et

10° Ordonner la vente des terrains isolés qui ne peuvent se rattacher à un centre commun d'exploitation, ou forcer les communes à les exploiter par elles-mêmes; exproprier, au profit du gouvernement, qui les cultiverait par lui-même, les terrains d'une certaine étendue susceptibles de la grande culture; établir sur ces derniers, soit des maisons isolées, soit des villages-modèles; donner à bail, pendant un certain temps, les habitations isolées et les vendre ensuite aux colons; affermer également les villages-modèles, mais à la condition que les terres y annexées seraient exploitées en commun.

Notre tâche se trouve notablement diminuée et facilitée par la transformation que nous venons d'opérer. Cependant, nous n'aborderons pas de suite l'examen des dix systèmes qui précèdent : il s'y rattache divers points qui, au premier abord, pourront paraître secondaires, mais qui n'en ont pas moins une importance marquée ; nous voulons parler des moyens ci-après, qu'on recommande également comme propres à faciliter la solution de la question :

1° Démontrer que nos terrains incultes peuvent être rendus productifs, et, dans l'affirmative, que les produits qu'on en retirerait dépasseraient l'intérêt des avances à faire ;

2° Faire cesser l'indivision qui frappe une partie de ces terrains ;

3° Purger les terrains du droit de propriété acquis à des particuliers ; affranchir également les terrains du droit de pâturage et autres semblables, dont ils sont grevés en faveur de villages ou de hameaux voisins, ou même de quelques fermes ;

4° Reboiser une partie des contrées à défricher ;

5° Sillonner ces contrées de voies de communication ;

6° Peupler ces mêmes contrées ;

7° Établir des fermes-modèles et des écoles d'agriculture au centre des contrées à défricher, et

8° Exempter les terrains et les colons de toute espèce d'impôts.

Sur le premier point. Nos terrains incultes peuvent-ils être rendus productifs ? Cette question nous paraît primer toutes celles qui concernent le défrichement, et il est d'autant plus important que nous nous en occupions, qu'un des préjugés le plus généralement accrédités, en matière de défrichement, c'est que les produits de ces terrains, loin de devoir dépasser l'intérêt des sommes qu'on emploierait aux travaux, ne couvriraient même pas les frais de l'entreprise. Il nous sera facile de détruire cette opinion erronée.

« Certes, le sol du Luxembourg est loin de pouvoir être comparé aux plaines des Flandres, mais on peut du moins assimiler à d'autres provinces, pour la bonté du terrain, toute la partie qui avoisine les bords de la Semois et l'arrondissement de Virton. La partie dite *Ardenne*, entièrement assise sur le schiste ardoisier, est seule aride, et encore peut-elle être fertilisée au moyen de bras et d'engrais. C'est donc sans raison qu'on dirait qu'un sol aride s'opposerait invinciblement au bien-être du Luxembourg ; ce pays renferme, au contraire, beaucoup d'éléments de richesses, qui ne restent improductifs que faute de moyens de les faire valoir (1). »

« Il y a peu d'années encore, la science de l'agriculture était très-arriérée dans le Luxembourg. On n'y cultivait les terrains communaux qu'à de longs intervalles et au moyen de l'*écobuage,* méthode vicieuse en ce qu'elle a pour effet d'appauvrir le sol. On y semait du seigle et de l'avoine, et quand la terre était épuisée, on la laissait reposer pendant plusieurs années pour recommencer la même opération. Depuis quelque temps, l'usage de la chaux, de la marne et du plâtre commence à se répandre dans l'Ardenne. Traitées avec ces puissants amendements, des bruyères stériles ont fourni d'abondantes moissons ; des prairies artificielles remplacent peu à peu les terrains auxquels on ne demandait jadis une récolte que tous les vingt ou trente ans (2).

» Dans la Flandre occidentale, d'heureux essais ont été faits depuis quelques années, pour mettre en valeur une partie des bruyères qui couvrent cette province. C'est ainsi que de nombreux terrains incultes ont été défrichés dans les communes de Ruysselede et de Maele. Ces exemples sont une preuve de la possibilité de tirer parti de terrains qui, aux yeux d'un grand nombre de cultivateurs et même d'administrateurs instruits, sont voués à une stérilité éternelle.

» C'est ainsi aussi qu'on a fait, en 1835, un essai de plantation de bois dans les dunes de mer situées entre Ostende et

---

(1) *Rapport sur la situation commerciale et industrielle du Luxembourg*, adressé à M. le ministre de l'intérieur, par la députation provinciale. Arlon, Bourgeois, 1836, pp. 7 et 8.

(2) *Résumé des rapports sur la situation administrative des provinces et des communes de Belgique pour* 1840 ; présenté au Roi, par le ministre de l'intérieur (Liedts). Bruxelles, Vandooren, 1841, p. 244.

Wenduyne. La possibilité de planter ces landes n'est plus une énigme aujourd'hui ; les apparences et les résultats déjà obtenus semblent présager que ces tentatives ne seront pas infructueuses, et que la valeur des produits couvrira largement les sacrifices (1). »

« Il y a dans les Flandres d'autres terrains qui pourraient être rendus productifs, savoir : les bruyères de Ruddervoorde, de Lichtervelde, et la magnifique bruyère de Beverhout, dont le rapport est presque nul. Cette dernière, située presque aux portes de Bruges, forme une immense plaine de 500 à 600 hectares, d'un sol excellent, qui, au moyen de peu de frais, se changerait bientôt en très-bons prés et pâturages.

» Mais il y a trois siècles que les belles plaines du pays de Waes, aujourd'hui le jardin de la Flandre et même de l'Europe, ne renfermaient que des marais insalubres et des terrains arides (2). »

« Dans la province de Liége, les communes de Beaufays et de Theux offrent la preuve irrécusable que la cause de la stérilité des landes et des bruyères qui forment la majeure partie des terrains des Ardennes, n'est pas dans le sol. Le seigle, le blé, l'avoine, les pommes de terre, les foins, des pépinières de toute espèce, le sapin, le mélèze et les bois de diverses essences, croissent aujourd'hui avec abondance dans ces communes sur des terrains qui, depuis nombre de siècles, étaient recouverts d'une bruyère noirâtre ou d'une eau fangeuse.

» Si de ces communes on passe plus avant dans les Ardennes, le même phénomène apparaît et fournit dans divers lieux la même démonstration. A côté d'un terrain couvert de belles récoltes se trouve un autre terrain dégarni, sans végétation aucune; qu'on fouille l'un et l'autre, et l'on y reconnaîtra la même nature de terre, la même couche, la même épaisseur de glèbe (3). »

« Le territoire du Limbourg renferme aussi des germes

(1) Résumé, déjà cité, p. 252.

(2) Vicomte Dutoict : *Annonce de Bruges*, du samedi 22 octobre 1842.

(3) Wodon, *loco citato*, p. 7.

certains de fécondité. Pour s'en convaincre, il suffit de jeter les yeux sur la magnifique végétation des jardins conquis sur les sables au milieu desquels s'élève le camp de Beverloo (1). »

La même observation s'applique à la province d'Anvers, puisque la Campine est également composée de terrains sablonneux.

» Sans doute, les terres en friche ne sont pas au nombre de nos meilleures terres; mais, pour être de qualité plus ou moins médiocre, un terrain convenablement amendé et cultivé avec soin, n'en est pas moins susceptible d'offrir un dédommagement réel. Il suffit pour cela d'approprier la culture qu'on y entreprend, à la nature particulière du sol. Quelles preuves veut-on donc pour constater que les terres des Ardennes peuvent parvenir à un haut degré de fertilité? A côté des bruyères stériles qui se prolongent à l'infini, ne trouve-t-on pas, principalement dans le voisinage des habitations, des portions de terre évidemment de même nature, et qui se couvrent chaque année des plus riches produits? Ne faut-il pas conclure de là, qu'il n'y a qu'un pas à faire pour mener ces vastes étendues de terrain au même degré de fertilité? Pour atteindre ce but, il ne manque que des engrais (2). »

D'après les considérations qui précèdent, est-il possible de conserver encore le moindre doute sur la solution qu'il faut donner à la question qui fait l'objet du présent chapitre? Les autorités que nous avons citées, nous paraissent irrécusables; nous avons cru devoir reproduire presque textuellement leurs avis, afin d'en rendre l'appréciation plus facile et plus sûre. L'opinion de M. Le Docte en cette matière, est surtout d'un grand poids. Cultivateur lui-même, il a puisé les faits qu'il avance dans une pratique éclairée et dans les résultats d'expériences possibles, qu'il a faites avec soin et répétées dans des localités différentes, et dans les Ardennes mêmes.

---

(1) Max. Desaive, *Sentinelle des Campagnes*. Bruxelles, Meline, 1842. p. 97.

(2) Le Docte, *loco citato*, pp. 62 et 63.

A ceux qui ne se diront pas encore tout à fait convaincus des résultats certains que doivent donner le défrichement et la mise en valeur de nos terrains incultes, nous répondrons par les exemples suivants qui constatent des succès réels :

Dans l'Ardenne luxembourgeoise, un propriétaire avait acheté un champ pour le prix de huit francs; quelques années après, on lui en offrit 600 francs (1).

« Après avoir vendu, dit M. Wodon, moyennant 26,000 fr. des parties d'une ferme qui ne me rapportait que 500 fr., j'ai amélioré les parties non cultivées ou négligées par le fermier; et dès aujourd'hui le produit annuel de celles-ci dépasse le produit de l'ancienne ferme, tandis que dans peu d'années la valeur vénale des peupliers de Canada, des sapins, des mélèzes, prés et terres dont ces parties se composent, sera même supérieure à la valeur déjà réalisée (2). »

D'autres essais qui ont été tentés, ont également réussi; tels sont ceux faits par MM. de Schiervel, à Dilsen et à Altenbroeck ; Jean Van Aken et Bertho, dans le Limbourg; feu Mme Biolley, à Maison-Bois; Mme la comtesse de Pinto, à Hodbomont; le vicomte Biolley, à Hombiet; les frères Lejeune, à Juslenville et Sohan; de Selys-Longchamps, à Colonster, province de Liége (3).

Nous pourrions multiplier ces exemples, mais ils nous paraissent suffire à la preuve que nous voulions établir. Nous terminerons donc en répétant avec J.-B. Say, que des capitaux employés avec intelligence, peuvent fertiliser jusqu'à des rochers (4).

Les observations qui précèdent, peuvent aussi servir de réponse à ceux qui conseillent de procéder avec lenteur à l'œuvre du défrichement, et de faire un premier essai. Nous le demandons : est-il bien nécessaire d'entrer dans cette voie, alors que nous venons de prouver, par des documents officiels et par des exemples, que nos landes et nos bruyères

---

(1) *Exposé de la situation administrative du Luxembourg*, par M. Thorn 1834, p. 93.

(2) *Loco citato*, p. 18.

(3) Stephens, *loco citato*, p. 12.

(4) *Traité d'économie politique*, etc.

incultes peuvent être mises en valeur et rendues aussi fertiles que nos meilleures terres? Mais il faudrait huit années pour connaître les résultats, car ce n'est qu'au bout de ce laps de temps que ces terrains pourraient donner une récolte entière, c'est-à-dire être en plein rapport. Eh bien, ce serait retarder inutilement encore la solution d'une question du plus haut intérêt, d'une question vitale, en quelque sorte, pour le pays; c'est ce que nous prouverons dans le cours de cet ouvrage.

Sur le deuxième point. Parmi les terrains incultes, il en est qui appartiennent, par indivis, à plusieurs communes à la fois : telles sont les bruyères des *onze villes* situées dans le Hainaut, et celles situées aux environs de Brée (province d'Anvers), qui appartiennent à la commune de ce nom et à celles de Beek, Gerdingen et Reppel; il est d'autres terrains qui sont indivis entre des communes et des établissements publics. Cette indivision est considérée, avec raison, comme une des causes de l'état de stérilité des terrains. La difficulté de s'entendre sur le parti que l'on pourrait en tirer, détermine le plus souvent les conseils communaux à les abandonner au parcours commun. Certes, il suffit que l'une des communes copropriétaires demande le partage, pour que l'indivision vienne à cesser; mais, cet exemple est rare, d'abord à cause des frais que le partage entraîne toujours après lui, ensuite à cause de l'incurie de certains administrateurs communaux. On peut donc dire, que laisser aux communes le soin d'user de la faculté qu'elles ont de sortir de l'indivision (1), ce serait perpétuer l'ordre de choses établi. Dès lors, il est nécessaire que la législature intervienne, pour rendre obligatoire le partage des terrains incultes; il se ferait d'ailleurs conformément aux dispositions des articles 76 et 151 de la loi communale du 30 mars 1836.

Sur le troisième point. L'indivision n'est pas le seul obstacle à l'amélioration de nos landes et de nos bruyères. Nous parlerons plus loin, du droit de pâturage qui grève une partie de ces terrains; cependant nous dirons dès à pré-

(1) *Code civil*, art. 815.

sent, que, dans notre opinion, il doit être maintenu, mais dans certaines limites.

Quant aux droits de pâturage, de pacage et autres semblables, dont se trouvent grevées d'autres parties de terres en faveur de villages ou de hameaux voisins, et même de quelques fermes, nous pensons que les propriétés devront en être purgées, sauf payement d'une indemnité à régler entre les parties intéressées.

Il est un autre droit qui mérite également de fixer notre attention : c'est le droit de propriété que des particuliers ont sur une partie des mêmes biens. L'origine de ce droit est, en général, très-ancienne : dans certaines localités elle remonte à plus de trois siècles; là, il est établi par des titres, ici, il résulte de la possession.

Dans différentes communes, les biens ont été transmis, pendant plusieurs générations, de père en fils, de manière que leurs détenteurs actuels, et qui sont, pour la plupart, des journaliers ou de petits cultivateurs, ont été habitués à les considérer comme faisant partie de leur patrimoine; les en dépouiller aujourd'hui, ce serait porter une rude atteinte à leur fortune, et troubler inutilement la tranquillité des paisibles habitants de la campagne. Certes, on pourrait les évincer, puisque l'intérêt privé doit se taire devant l'intérêt général; mais il est à remarquer, d'un autre côté, que les terrains de cette catégorie ne forment qu'une faible partie de ceux dont il est question. C'est pourquoi ils nous paraissent devoir être exceptés de ceux qui, selon nous, devront être expropriés pour cause d'utilité publique, et qu'il y aura lieu de confirmer leurs détenteurs actuels dans leurs droits, pour autant que ceux-ci seront légalement prouvés, soit par des titres solides, soit par une possession trentenaire; ce serait le moyen d'éviter des embarras inutiles et surtout des procès; ceux-ci, outre qu'ils occasionneraient des frais, qu'on doit épargner et à l'État et au peuple, seraient, d'ailleurs, de nature à retarder l'œuvre du défrichement. Il devient d'autant plus nécessaire que la loi à intervenir consacre une disposition spéciale à ce sujet, que le législateur rassurera ainsi, dès l'abord, ceux-là mêmes qui se montrent les plus hostiles à cette grande mesure.

Toutefois, en ce qui concerne la redevance annuelle qui grève certains biens de la même catégorie, nous sommes d'avis qu'elle doit continuer à être servie. Pourquoi, en effet, priverait-on les communes de cette ressource, qui, à la vérité, se réduit à peu de chose, mais qu'une commune, alors surtout qu'elle est pauvre, ne peut pas dédaigner ?

Sur le quatrième point. Les forêts exercent la plus grande influence sur les cultures agricoles, qu'elles protégent contre les trop grands froids, qui paralysent la végétation, et contre le soleil dont l'ardeur, lorsqu'elle ne se trouve pas modifiée ou tempérée par un agent quelconque, dessèche les végétaux. Les bois entretiennent aussi l'humidité dans la contrée, et y attirent les nuages qui tombent ensuite en pluies fécondantes. Enfin, l'action des bois sur l'air atmosphérique est également très-forte; ils décomposent l'acide carbonique, absorbent le carbone et laissent échapper l'oxygène, qui purifie l'air, le rend plus vif et plus sain. C'est donc avec raison qu'on recommande le reboisement du Condroz, qui subit les influences de l'Ardenne; mais c'est surtout dans la Campine, qui ne forme qu'une immense plaine de sable toute dégarnie d'abris et entrecoupée de marais malsains, que la présence de forêts et de rideaux d'arbres ou de clôtures boisées se fait désirer.

Il y a plus, c'est qu'il est constaté, que sur tous les points de la province de Liége, qui ne sont pas compris dans le bassin houiller, les besoins du pays sont supérieurs à la production de ses forêts (1). C'est là surtout un motif pour que la loi sur le défrichement ordonne, du moins en principe, le reboisement d'une partie de nos terrains incultes, sauf à laisser au gouvernement le soin de déterminer jusqu'à quel point et dans quelles localités le reboisement sera exécuté. Toutefois, s'il est vrai que la valeur de nos propriétés boisées soit avilie (2), il serait prudent de pro-

---

(1) *Rapport sur le déboisement des forêts*, adressé à M. le ministre de l'intérieur, par la Société d'Emulation de Liége. *Moniteur belge* de 1844. n° 17.— *Constant :* loco citato.— On peut aussi consulter utilement, sur le reboisement des terres incultes, l'ouvrage de M. *Stephens*, déjà cité.

(2) Cela paraît résulter de la discussion à laquelle a donné lieu

portionner le reboisement aux besoins de la population présente et des générations futures.

Sur le cinquième point. Tout le monde est d'accord pour considérer l'absence presque totale de voies de communication, comme une des causes fondamentales et de la stérilité des grands centres de nos terrains incultes, et de l'état arriéré de l'industrie agricole dans les Ardennes. L'Ardenne luxembourgeoise surtout est pour ainsi dire tout à fait privée de routes, même des plus nécessaires : la partie située entre Virton, Martelange, Bastogne, Marche et Bouillon, et qui forme près des trois quarts de la province, en est surtout dépourvue. Il y a plus, c'est que, pendant la saison de l'hiver, l'Ardenne devient un pays dangereux, où le voyageur risque de perdre la vie, et où l'habitant même n'ose se hasarder à plus d'une lieue de son village, pendant le temps des fortes neiges. On doit en convenir, un pareil état de choses est peu propre à y attirer les spéculateurs, même les plus intrépides.

D'après ces considérations, l'établissement de routes, de canaux, de chemins vicinaux, tant dans les Ardennes que dans la Campine, est, à bon droit, proclamé un des moyens les plus puissants de favoriser le défrichement ; par les voies de communications on rapprocherait les matières premières et le producteur, les produits et le consommateur ; les canaux seraient surtout profitables, en ce qu'ils faciliteraient l'irrigation : avec celle-ci on fait des prairies, et avec des prairies on fait du bétail. Ajoutons, que les routes qu'on construirait seraient, à la longue, échelonnées d'habitations qui deviendraient autant de petits centres d'exploitation. C'est ainsi que depuis 1828, une foule de maisons ont été élevées aux abords de la grande route qui traverse l'Ardenne luxembourgeoise, et que les terrains qui les entourent, stériles autrefois, sont aujourd'hui en plein rapport.

Cependant, et il est important d'en faire la remarque, si l'on en vient à la réalisation de ce grand moyen, ce n'est pas une demi-mesure qu'il faudra décréter, mais bien un sys-

---

l'art. *Bois*, dans la question des droits différentiels. *Moniteur belge* des 30 et 31 mai 1844.

tème large et complet de communications, que le gouvernement aurait la mission d'arrêter et de combiner avec les chemins vicinaux qu'il s'agira aussi de construire.

L'établissement de voies de communication nécessiterait une forte dépense. En ce qui concerne la Campine, par exemple, où le terrain est généralement plat et n'offre pas d'accidents, on pourrait, dans le but de diminuer les frais, adopter le système de routes américaines. « Il est reconnu que des chemins de fer exécutés dans la Campine suivant ce mode, c'est-à-dire construits sur traverses et longerines en sapin recouvertes d'une simple plate-bande en fer de quatre kilogrammes par mètre courant, fourniraient non-seulement dans toutes les directions désirables des communications faciles, mais qu'ils s'étendraient bientôt vers chaque hameau et pour ainsi dire vers chaque ferme, et même jusqu'au milieu des champs à mettre en culture.

» D'après un sous-détail établi avec soin, la dépense d'établissement pour cette espèce de chemins de fer dans la Campine, ne coûterait pas 12,000 fr. par kilomètre, et ils seraient susceptibles de recevoir des waggons aussi pesamment chargés que ceux qui doivent parcourir le rail-way de l'État.

» Ces communications, servies par des chevaux seulement, moteur le plus convenable à l'état actuel de l'industrie dans la contrée, procureraient néanmoins aux voyageurs un transport de 2 1/2 à 3 lieues par heure (1). »

Des routes ferrées offriraient encore cet avantage immense, qu'en rapprochant les distances, elles permettraient de se procurer, à moindres frais et plus promptement que par les routes empierrées, les engrais, qui, après les voies de communication, sont, à coup sûr, le moyen le plus sûr de fertilisation. Nous ne pensons pas d'ailleurs, que dans la Campine par exemple, où la pierre est rare, il soit possi-

(1) *Résumé des Rapports sur la situation administrative des provinces et des communes en Belgique,* pour 1840, présenté au Roi par le ministre de l'intérieur (M. Liedts). — Bruxelles, Vandooren frères, 1841, pp. 216 et 217.

ble, à moins de faire des dépenses énormes, de recourir à un autre genre de communications.

Toutefois, nous devons à l'ingénieur français, De Jouffroy, l'invention toute récente d'un système de chemins de fer qui paraît devoir l'emporter sur tous ceux construits jusqu'à ce jour. Dans ce système, qui peut s'appliquer également aux pays montagneux, et qui permettrait donc de doter les contrées les plus pauvres de l'avantage inappréciable des chemins de fer, la question d'économie s'élèvera, assure-t-on, terme moyen, à 60 p. °/₀ dans toutes les dépenses relatives aux terrassements et aux travaux d'art (1). Il ne pourrait incomber à la législature de se prononcer sur l'adoption du meilleur système; cette tâche, qui exige des études préalables, devrait être confiée au gouvernement; les chambres se borneraient à voter le crédit présumé nécessaire à la dépense; nous croyons pouvoir la fixer approximativement à 10,000,000 de francs, qui pourraient faire l'objet d'un emprunt public.

Nous ne finirons pas ce chapitre sans faire remarquer, que la construction des nouvelles voies de communication aurait encore cet avantage, qu'elle permettrait de procurer presque immédiatement du travail à la classe ouvrière, dont le sort, ainsi que nous le verrons plus loin, mérite de fixer sérieusement l'attention du gouvernement.

Sur le sixième point. Le manque de bras est aussi réputé une des causes de la stérilité des contrées incultes de la Belgique. Augmenter leur population, ce serait faciliter le défrichement et le développement de la puissance agricole; ce serait en même temps adoucir la condition des habitants qui peuplent déjà les communes éparses des Ardennes et de la Campine. « Les avantages attachés à la multiplication et à l'agglomération des populations, dit M. Passy, ne sauraient être mis en doute. On sait que les hommes ne s'éclairent et ne se policent que par le contact de leurs semblables. Tant qu'ils restent disséminés sur le sol, ils végètent dans l'ignorance et la pauvreté. A mesure qu'ils se rapprochent, l'échange des produits dont ils disposent, en permettant la

(1) *Journal des Débats*, mai 1844.

division du travail en accroît la puissance; et plus les populations s'unissent et se concentrent, plus elles croissent en activité et en intelligence (1). »

S'il est vrai que la population existante dans les contrées à défricher est insuffisante, il serait indispensable de faire un appel aux bras étrangers. Ces bras sont tout prêts : 300,000 ouvriers des Flandres se trouvent aujourd'hui sans travail, par suite de la crise que subit l'industrie linière! On peut donc dire, que l'œuvre du défrichement peut en même temps devenir une œuvre de bienfaisance.

Mais comment assurer aux colons, qui se trouveraient transplantés au milieu de contrées arides, des moyens d'existence pour le présent et des ressources pour l'avenir? Nous verrons plus loin comment il sera possible d'obtenir ce double résultat. Toutefois, il est quelques observations générales qui nous paraissent trouver leur place ici : nous voulons dire que, tout en comptant sur le concours des populations souffrantes des Flandres, il ne faut pas se faire illusion sur l'émigration de ces populations. Le caractère du peuple belge le porte peu à de grands changements dans son existence; nous aimons les lieux qui nous ont vu naître, et nous y tenons encore par les liens qui nous y unissent à nos parents, à nos amis; et, sous ce rapport, la population flamande serait peut-être la plus difficile à détacher de ses habitudes et de ses foyers. Cependant, qu'on se rassure sur ce point : les Flandres ne sont pas les seules provinces qui comptent des bras inoccupés; il s'en trouve aussi dans les autres provinces, et, à défaut de ceux-ci, à l'étranger : nous pourrions demander à l'Allemagne, une partie de son trop-plein de population, qui va chaque année chercher des moyens d'existence dans les plaines désertes du Nouveau-Monde.

Nous ferons une autre observation : c'est que la population des campagnes paraît seule pouvoir être appelée à s'associer au défrichement, comme étant née au milieu des champs et

(1) Passy, *Des Causes qui ont influé sur la marche de la civilisation dans les diverses contrées de la terre.* — *Journal des Économistes, ou Revue mensuelle de l'économie politique, des questions agricoles, etc.* Paris, Guillaumin, 1844, p. 128.

connaissant les travaux agricoles. Les ouvriers des villes y seraient tout à fait déplacés; ils pourraient même y devenir une cause de désordre, et il importe de ne compromettre en rien le grand œuvre du défrichement; il lui restera encore assez d'obstacles à surmonter, de difficultés à vaincre. La même observation s'applique, avec plus de force, aux reclus des dépôts de mendicité qui sont, en général, peu ou point propres aux travaux agricoles. Les colonies de Wortel et de Merxplas sont là pour le prouver.

Sur le septième point. L'établissement de fermes-modèles serait, sans nul doute, un moyen de venir en aide au défrichement. S'il existe dans nos provinces, et notamment dans les Flandres, des cultures savantes et perfectionnées, il faut néanmoins reconnaître que quels que soient les progrès que l'agriculture y a faits, elle n'en est pas moins susceptible de s'améliorer encore. Cette observation s'applique surtout à l'Ardenne, où les perfectionnements agricoles sont encore très-arriérés. C'est à la détestable méthode de *l'écobuage* qu'on y a recours, pour faire fructifier les terres, dans lesquelles on sème alternativement du seigle et de l'avoine aussi longtemps qu'elles continuent à produire; on les laisse ensuite reposer pour pouvoir, au bout d'un certain nombre d'années, recommencer la même culture. Les résultats qu'on obtient par cette méthode vicieuse doivent nécessairement être très-insignifiants, et la crainte de ne pas être indemnisé de ses peines et de ses sacrifices, doit exercer une influence fâcheuse sur le cultivateur et le faire renoncer à l'entreprise de défricher de nouveaux terrains. Du reste, l'état à peu près stationnaire de l'agriculture dans certaines contrées de la Belgique, s'explique assez facilement : l'agriculteur isolé, abandonné à ses propres forces et à ses seules ressources, ne suffit plus aux exigences de notre époque; il faut qu'il demande chaque jour de nouveaux procédés, de nouvelles richesses aux conquêtes de la science, qui marche vite comme le siècle lui-même. Il est donc incontestable que des fermes-modèles, qui seraient établies au centre des contrées incultes, serviraient puissamment la cause du défrichement, en même temps qu'elles contribueraient à l'amélioration des cultures déjà existantes; dans ces fermes, on suivrait des perfectionnements sanctionnés par l'expérience, soit dans les diverses méthodes de culture et d'assolement, soit dans les instruments aratoires, soit, enfin, dans l'élève des animaux domestiques. Ces fermes seraient pour les cultivateurs autant d'écoles pratiques d'agronomie, qui, placées en quelque sorte à leurs portes, leur permettraient de voir, par eux-mêmes, les résultats que produisent les perfectionnements apportés à l'agriculture.

En ce qui concerne l'institution de nouvelles écoles d'agriculture pour l'enseignement théorique, nous ne pouvons, tout en reconnaissant l'utilité qu'elles présenteraient, y donner notre approbation. Nous possédons déjà, en effet, un établissement de ce genre, l'École vétérinaire et d'agriculture de l'État, établie à Cureghem lez-Bruxelles. En y complétant les cours concernant la science agricole, on mettrait cette belle institution en état de répondre au but qui lui est assigné. Qu'elle ait besoin d'être réorganisée, cela ne peut faire l'objet d'aucun doute; déjà à plusieurs reprises et, en dernier lieu, lors de la discussion du budget du département de l'intérieur de 1844, on a émis au sein de la chambre des représentants, l'avis qu'elle ne produisait pas tous les effets qu'on pourrait s'en promettre pour le perfectionnement de l'agriculture (1). Mais la faute ne peut, croyons-nous, en être attribuée aux professeurs qui y dirigent les cours; l'enseignement, ainsi que le font très-bien remarquer les auteurs du *Journal vétérinaire et agricole de la Belgique* (2), « ne parviendra à opérer tout le bien qu'il doit produire, que lorsque les cultivateurs eux-mêmes, qui ne sont malheureusement guidés le plus souvent que par une aveugle routine, renonceront à leurs préjugés, comprendront mieux les innovations amenées par le progrès des sciences, et enverront leurs fils à l'École, pour y apprendre les théories utiles à l'accroissement et à la conservation de leurs richesses agricoles. »

Hâtons-nous d'ajouter, que si l'école de Cureghem, qui a cependant fourni au pays un grand nombre de bons artistes

---

(1) Séance du 26 janvier 1844, *Moniteur belge* du 28 du même mois.

(2) Bruxelles, Tircher, 1842. Avant-propos.

vétérinaires, n'est guère suivie pour ce qui concerne l'étude plus spéciale de l'agronomie, c'est parce que les jeunes gens ne considèrent pas cette étude comme un moyen de s'assurer une position dans l'avenir. D'un autre côté, le manque de fortune empêche une foule de jeunes gens d'entreprendre des études longues et dispendieuses. Le gouvernement vient de remédier, mais en partie seulement, à ce dernier inconvénient, en instituant, par arrêté royal du 8 juin 1844, dix bourses, de 400 fr. chacune, en faveur des jeunes gens sans ressources pécuniaires, qui se destinent spécialement à l'étude des sciences agricoles. Le gouvernement pourrait, croyons-nous, sans s'imposer de grands frais, compléter les réformes que réclame l'école de Cureghem.

Il est d'autres motifs qui nous paraissent devoir s'opposer à l'établissement de nouvelles écoles d'agriculture : c'est que l'école existante doit, à raison des dépenses considérables qu'elle nécessite, rendre les services qu'on est en droit d'en attendre, et que les nouvelles écoles qu'on demande, pour pouvoir offrir un enseignement complet et fort, exigeraient de trop grands sacrifices pécuniaires, faute desquels elles ne pourraient pourtant pas se soutenir. C'est ainsi que l'École vétérinaire et d'agriculture que possédait la ville de Liége, il n'y a pas longtemps encore, est tombée, par la seule insuffisance de ses ressources.

Nous persistons donc à considérer la création de nouvelles écoles d'agriculture comme tout à fait surabondantes; celle de Cureghem suffirait, si elle était organisée sur des bases plus larges. Il y a plus : une ferme expérimentale pour les leçons pratiques se trouve annexée à l'établissement. Cette ferme, située sur le territoire de la commune de Forest, et à peu de distance de l'école, permet de donner à l'enseignement des cours d'agriculture toute l'extension désirable. Les jeunes gens qui se destinent à l'agriculture y reçoivent tous les enseignements pratiques sur la culture des terres, les assolements, l'éducation des arbres forestiers et du bétail. On y élève des animaux domestiques des races les plus perfectionnées, et l'on y fait toutes les expériences propres à s'assurer des améliorations à apporter à l'agriculture.

Sur le huitième et dernier point. L'exemption de l'impôt,

doit être rangée au nombre des encouragements qu'il importe d'accorder aux colons dans l'intérêt du défrichement. Il paraît équitable, du reste, de n'exiger d'eux aucune contribution, au moins pendant un certain temps, car ce ne serait qu'au bout de huit années de culture que les terres produiraient une récolte entière, et que les produits qu'elles donneraient dépasseraient sensiblement l'intérêt des avances qu'auraient nécessitées les travaux de défrichement et d'exploitation. Nos anciennes lois, comme nous l'avons vu plus haut, consacraient déjà pareille exemption; une loi de la Convention l'avait renouvelée, et le gouvernement de Guillaume avait conservé la force à cette loi. Toutefois, cette exemption, qui nous paraît devoir être étendue à toute espèce d'impôts, ne pourrait, aux termes de l'art. 112 de la constitution, être établie que par la loi.

Passons à l'examen des différents systèmes de défrichement.

Sur le premier système. L'expérience a prouvé que, pour que la vente des terrains incultes eût lieu, il ne suffirait pas d'engager les administrateurs communaux à l'opérer : une pareille mesure n'aurait pas les sympathies de l'habitant de la campagne, parce que ces terrains servent au pâturage de son bétail, et parce qu'il s'est habitué à considérer comme un droit acquis, cette jouissance qu'il a depuis un temps immémorial; il se trouve, d'ailleurs, au sein même des conseils communaux, des hommes peu favorables à la mesure. C'est en vain qu'on essayerait de vaincre cette antipathie, car elle a, en général, pour fondement l'intérêt privé, l'intérêt bien entendu, cet intérêt qui se fait centre de toutes choses, et qui ne voit rien au-dessus de lui. Aussi les partisans de l'aliénation des terrains sont-ils d'accord pour reconnaître qu'elle doit être ordonnée par la législature.

On le voit : le premier système soulève dès l'abord cette grave question : les communes peuvent-elles être privées de leurs terrains incultes? le peuvent-elles alors que la propriété est, comme la sûreté des personnes, un des droits que l'homme tient de la nature, et que ce droit est déclaré inviolable et par la loi civile (1), et par la constitution (2)? Il y a plus, c'est que cette même loi fondamentale (3) et, après elle, la charte communale de 1836 (4), attribuent aux conseils communaux la connaissance de tout ce qui est d'intérêt communal, et, comme corrolaire de ce principe, ces compagnies sont, d'après la même charte (5), seules compétentes pour décréter la vente de leurs biens ou en changer le mode de jouissance.

Mais l'intérêt communal n'est pas le seul qui soit ici en présence; il en est un autre plus fort, plus puissant que lui et qui le domine, c'est l'intérêt national! Eh bien, il est certains rapports à l'intérêt général, sous lesquels il faut envisager la propriété communale, puisque l'usage et la jouissance de celle-ci se lient naturellement à cet intérêt. Ainsi, quoique chacun doive jouir de sa propriété comme bon lui semble, il est cependant des modifications qui peuvent être apportées à ce droit, toutes les fois que l'utilité publique le commande.

Or, s'il est vrai que la conservation de l'intérêt général soit du ressort des pouvoirs publics, l'action de ces derniers doit pouvoir s'exercer sur la propriété communale, chaque fois que l'usage de cette propriété peut intéresser l'État ou concourir à l'utilité commune. Nul doute donc que la commune, comme partie du grand tout que nous appelons l'état social, ne doive subir cette action; qu'elle doive observer les règles établies pour la conservation de l'intérêt de tous, et que ces règles, par cela même qu'elles tendent à cette conservation, doivent faire taire l'intérêt communal.

Certes, on ne peut nier que la vente forcée des terrains incultes, constituerait une mesure prise dans l'intérêt public, puisqu'elle aurait pour effet d'augmenter l'aisance générale et de favoriser le développement de l'agriculture, c'est-à-dire du premier élément de la richesse publique;

---

(1) Art. 544.
(2) Art. 11.
(3) Art. 108, 2°.
(4) Art. 75.
(5) Art. 76 et 77.

cette mesure intéresserait donc la généralité des citoyens et devrait, comme telle, imposer silence à l'intérêt communal.

Il va de soi, qu'en cas d'expropriation forcée, la disposition de l'art. 11 de la constitution devrait être respectée, c'est-à-dire que les communes évincées devraient recevoir en échange de leurs biens une juste et préalable indemnité; si ces biens étaient exposés en vente par recours public, le prix de la vente leur tiendrait lieu d'indemnité. Dans le cas, au contraire, où ils seraient expropriés au profit de l'État, l'indemnité à payer devrait être fixée par des experts.

Inutile de faire remarquer, que les observations qui précèdent sont, *à fortiori* et en tous points, applicables aux terrains incultes appartenant en pleine propriété à des particuliers, et qui sont en assez grand nombre. Dans notre opinion, l'expropriation devrait aussi les atteindre. Quelle est, en effet, aujourd'hui la cause principale de l'état d'infertilité de ces terrains? Évidemment le manque de capitaux pour les faire valoir; cela résulte suffisamment de la discussion. Eh bien, cette cause continuerait à subsister pour le propriétaire, et nous y voyons un motif sérieux d'expropriation.

D'ailleurs, le particulier, comme la commune, recevrait une indemnité préalable, et cette indemnité le mettrait à même d'améliorer les biens qu'il exploite déjà et d'en augmenter les produits. L'expropriation, loin d'être désavantageuse au propriétaire évincé, le favoriserait donc éminemment. Nous pouvons ajouter, que les nouveaux consommateurs qui s'établiraient dans ses terres, occasionneraient bientôt une hausse sensible dans la valeur de ses produits, et qu'ainsi ceux-là même qu'il serait tenté aujourd'hui de considérer comme ses spoliateurs, concourraient à améliorer sa position et à l'enrichir.

Nos lois (1) règlent la matière d'expropriation pour cause d'utilité publique, mais elles exigent l'intervention lente et onéreuse des tribunaux; c'est là une sage garantie donnée aux citoyens et que nous sommes loin de vouloir critiquer. Cependant, il est indubitable qu'on ne pourrait engager les

---

(1) 8 mars 1810 et 17 avril 1835.

communes et leurs habitants dans cette voie, sans les exposer aux plus graves désordres et retarder considérablement l'exécution du projet de défrichement; car il ne faut pas se faire illusion : les intéressés ne se prêteraient pas, en général, à la mesure, et l'espoir de conserver ce qu'ils croient leur être irrévocablement acquis, et dont ils ne croient pas, d'ailleurs, qu'on puisse jamais les dépouiller, les détermineraient, à coup sûr, à employer tous les moyens en leur pouvoir pour la faire avorter. C'est à prévenir, au contraire, tout ce qui pourrait compromettre et la tranquillité publique et la grande œuvre nationale, que tous les efforts doivent tendre. Nous pensons donc que l'expropriation ne devrait pas être juridique, c'est-à-dire être soumise aux formes judiciaires ordinaires, et que la loi à porter devrait ordonner la concession pure et simple à l'État des terrains à exproprier, moyennant payement d'une juste indemnité. Nul doute, du reste, que cette mesure d'exception, qui serait une dérogation à la législation existante sur l'espèce, ne puisse être prise par la législature, puisqu'en principe de droit, il peut être dérogé à une loi générale par une loi spéciale.

Autre question. La vente sera-t-elle totale ou partielle? les auteurs veulent qu'elle porte sur la totalité de nos terrains incultes. Nous ne pouvons nous rallier à cette proposition.

L'éducation des bestiaux forme la principale branche d'industrie des Ardennes; chaque chef de famille tient sur les immenses pâturages de sa commune un certain nombre de têtes de bétail, dont le lait, le beurre, le fromage, la viande et la laine servent à sa subsistance; il en vend la partie qui excède sa consommation, et l'argent qu'elle lui procure lui permet d'acheter des vêtements et de payer ses contributions. On ne pourrait donc priver les Ardennais entièrement des terrains incultes, sans leur enlever une partie de leurs moyens d'existence, et sans réduire la plupart d'entre eux à une position voisine de la misère.

Nous le demandons : peut-on, en présence d'un pareil état de choses, exiger la vente de la totalité des terrains? Mille fois non! car le pauvre mérite toutes nos sympathies; lui, plus que le riche, a des titres à notre sollicitude; lui, plus que tout autre, doit pouvoir compter sur notre protection.

Si l'humanité et l'équité se réunissent pour demander qu'on ne dépouille pas le pauvre, la justice, la prudence et une sage politique exigent que les communes ne soient pas non plus entièrement dépossédées.

Le patrimoine communal n'est pas la propriété exclusive d'une génération; la commune ne meurt pas, et ses biens n'appartiennent à la génération présente, qu'à titre de jouissance et d'usufruit; cela est si vrai, que de tout temps il a été admis en principe, que les communes ne pourraient aliéner leurs propriétés, sans des causes justes et impérieuses. Mais, nous dira-t-on, les terrains dont il s'agit ne rapportent aujourd'hui rien ou presque rien aux communes, et, en les aliénant, elles se créeraient une ressource qui leur manque. Cette objection n'est pas sérieuse, car le produit de la vente serait à peu près insignifiant pour un grand nombre de communes, tandis que si elles étaient mises à même d'exploiter par elles-mêmes une partie de leurs terrains, elles pourraient, par ce moyen, augmenter leurs revenus d'une manière très-sensible et en peu d'années. Ne perdons pas de vue, du reste, que les communes propriétaires des terrains, sont, en général, très-pauvres; elles ne peuvent subvenir aux besoins du service administratif, qu'au moyen d'impositions communales qui deviennent une charge d'autant plus lourde pour l'habitant, qu'il ne possède lui-même que le nécessaire. Il y a plus, c'est que ces mêmes communes sont précisément celles qui manquent le plus souvent d'une église digne du culte qui s'y célèbre, d'une école saine et assez spacieuse, d'une habitation décente pour le curé, d'un logement pour l'instituteur. Le faible produit qu'elles retireraient de l'aliénation totale de leurs terrains les mettrait-il en état de créer toutes ces institutions? Évidemment non; mais elles le pourraient, dans un avenir peu éloigné, si on leur facilitait la mise en culture d'une partie de leurs landes et de leurs bruyères; ce serait aussi le moyen de les rendre prospères et fortes, de pauvres et faibles qu'elles sont aujourd'hui.

Et n'importe-t-il pas à l'État que les communes se perpétuent avec des conditions progressives de prospérité et de bien-être? Sans doute, puisque la commune est devenue chez nous une véritable association nationale, où se développe la force politique de la nation. La commune est devenue la base de l'État, et elle est essentiellement organisatrice et conservatrice de l'esprit et de l'ordre publics; elle est à l'État ce que la famille est à la société; là se trouve l'élément et la source première de toute vie publique.

Du reste, l'expérience a suffisamment condamné le système qui recommande la vente de la totalité des terrains; pour s'en convaincre, il suffit de se reporter à l'ancienne législation sur la matière, que nous avons fait connaître ci-dessus. Nous le répétons donc : outre la partie qui serait destinée au parcours commun, il devrait en être réservé une autre à la commune pour être exploitée par ses soins, dans l'intérêt de sa prospérité et de sa durée.

Nous abordons le troisième membre de la proposition, l'acquisition des terrains par les particuliers.

S'il est vrai que le manque de capitaux soit, comme le manque de communications et de bras, une des causes de la stérilité des Ardennes luxembourgeoises (1); si, d'un autre côté, la masse des habitants de cette contrée est dans l'impossibilité de faire des avances de fonds (2), il n'est pas permis d'espérer qu'on trouverait sur les lieux mêmes, des amateurs pour les entreprises du défrichement. Ces observations sont applicables à toute l'Ardenne et à une grande partie de la Campine. Dans cet état de choses, ne pourrait-on pas, au lieu de vendre les terrains par lots d'une grande étendue, les diviser en petits lots et les mettre ainsi à la portée des fortunes même les plus médiocres? Mais on s'exposerait à attirer sur ces biens un grand nombre de familles indigentes, qui finiraient peut-être par devenir une lourde charge pour les communes. Il est à remarquer, en effet, que les parcelles, même les plus minimes, exigeraient des avances qui resteraient improductives pendant un long

(1) *Rapport sur la situation commerciale et administrative du Luxembourg*, déjà cité, pp. 7, 8, 12 et 13.

(2) *Rapport sur la situation administrative de la province de Luxembourg*, session de 1839, p. 152.

espace de temps, et que les petits particuliers n'auraient pas toujours les ressources nécessaires pour faire ces avances. On peut bien, sans cette condition, obtenir quelques avantages partiels, et, par un surcroît de main-d'œuvre, être dédommagé la première année de ses peines et de ses dépenses, mais les années suivantes, la stérilité arrive et on ne peut y remédier. D'un autre côté, les défrichements sont, en général, des opérations très-onéreuses et qu'il n'est pas prudent d'exécuter en petit; ces entreprises ne conviennent donc qu'à des propriétaires assez riches pour fournir annuellement les engrais nécessaires à la fertilisation.

Si l'on doit désespérer de trouver dans les contrées mêmes qu'il s'agit de défricher, des acquéreurs pour les grandes étendues de terrain, n'est-il pas permis d'espérer qu'on les trouverait ailleurs, car enfin, les capitaux abondent en Belgique? Puis, l'agriculture offre aux capitaux un placement sûr et presque à l'abri de tout revers. Nous ne pensons pas que les capitaux afflueraient pour cela vers les terrains incultes; il n'y aurait que peu ou point de prêteurs qui viendraient en aide à leur exploitation. Depuis la révolution, l'industrie manufacturière a pris chez nous un développement immense, et elle attire tous les capitaux. Être actionnaire dans un charbonnage, ou se trouver à la tête d'un grand établissement industriel, voilà la fièvre de notre époque : on est pressé de jouir et pour cela on veut s'enrichir au pas de course. Cet engouement ne cessera pas de sitôt, et nous doutons fort que les spéculateurs se montreraient disposés à prêter à l'amélioration de l'agriculture, le secours de leur argent. Ils ne voudraient d'ailleurs pas se livrer à des entreprises réputées généralement des plus hasardeuses.

Les auteurs de la proposition paraissent avoir prévu cette dernière objection; aussi conseillent-ils au gouvernement de prendre l'initiative du défrichement, en établissant des fermes-modèles ; ils prétendent qu'encouragés par de premiers succès qu'aurait obtenus le gouvernement, les particuliers se livreraient après lui, sans crainte et sans y être excités, aux entreprises du défrichement. Nous voudrions pouvoir partager cet espoir, nous dirons même cette illusion. N'avons-nous pas vu plus haut que des essais, d'une date assez reculée et qui ont parfaitement réussi, ont déjà été tentés? Eh bien, la Belgique n'en renferme pas moins encore des milliers d'hectares de bruyères, de fanges et de terrains vagues! Ce qu'il faut, c'est de défricher ces terres, et de les offrir aux capitalistes lorsqu'elles seront en plein rapport. Les acheteurs afflueront alors, car les amateurs de biens-fonds sont toujours plus nombreux que les parcelles à acquérir. Nous verrons plus loin par qui et comment devra s'opérer le défrichement.

Sur le deuxième système. Pour peu qu'on y réfléchisse, on se convainc facilement, que ce système pourrait avoir des conséquences fâcheuses. Nous avons vu précédemment que les communes propriétaires des terrains incultes, sont, en général, précisément celles qui ont le moins de ressources; ce sont donc aussi celles qui ont le plus besoin d'être subventionnées; leur refuser les subsides qui pourraient leur être indispensables, ce serait nécessairement les exposer à ne pouvoir satisfaire aux exigences du service public. Les subsides que les communes reçoivent de la province et de l'État sont presque toujours affectés, soit au traitement des instituteurs, soit à la construction ou à la réparation des églises, des salles d'écoles, des presbytères et des logements des chefs de l'enseignement, soit, enfin, à l'entretien des chemins vicinaux. Pourrait-on raisonnablement compromettre tant et de si graves intérêts par un refus de subsides, pour cela seul que le mauvais vouloir ou l'incurie d'un conseil communal se montrerait hostile à la cause du défrichement? La réponse à cette question ne peut être douteuse; elle ne saurait être que négative.

Au surplus, il s'agirait aussi dans ce système d'aliéner la totalité des terres incultes, et nous avons déjà déduit les raisons majeures qui s'opposent à ce que les communes en soient entièrement dépouillées. Nous croyons donc pouvoir nous dispenser d'entrer dans de plus longs développements.

Sur le troisième système. Nos principes en matière d'aliénation des biens communaux, et nos idées sur la place que la commune occupe dans notre organisation sociale, nous porteraient naturellement à nous rallier au troisième système, si, d'un côté, nous ne craignions de voir l'œuvre du défrichement compromise, et si, de l'autre, nous n'étions convaincu d'avance, de l'impuissance où sont les communes d'opérer le défrichement de la totalité de leurs terrains incultes. Les communes, pas plus que les particuliers, dans les contrées frappées de stérilité, n'ont à leur disposition les capitaux nécessaires à l'exploitation. Si elles doivent opérer le défrichement par elles-mêmes et sans le secours d'étrangers, elles manqueront de bras; si elles doivent se servir d'étrangers, pauvres pour la plupart, elles ne pourront les payer.

Puis, n'importe-t-il pas de peupler les contrées désertes et froides de l'Ardenne, afin d'en réchauffer le climat par la cohabitation d'hommes et de bestiaux, et pour former sur les lieux mêmes. une partie, et la plus grande, des engrais nécessaires à la fertilisation?

Nous admettrons, si l'on veut, que si le défrichement n'avait lieu que successivement, les ressources des communes pourraient, jusqu'à un certain point, paraître suffisantes et qu'on parviendrait, à la longue, à la mise en culture de la totalité des terrains. Mais, s'il est vrai que l'œuvre du défrichement doive devenir en même temps une œuvre de bienfaisance; s'il est vrai que des milliers de bras attendent du travail et que des milliers de familles indigentes des Flandres sont à peu près sans pain (1), peut-on encore maintenir le troisième système et repousser le moyen sûr et prompt qui s'offre à nous naturellement, de venir en aide à cette population honnête et malheureuse? Faut-il, à l'imitation de Ricardo (2), oublier les hommes pour ne tenir compte que des produits? Mais non, le Belge n'est pas dégénéré; il n'a pas cessé d'être humain et généreux; il lui suffira de savoir qu'une partie de ses frères est dans le malheur, pour qu'il se fasse un devoir de les secourir, d'adoucir leurs souffrances, de les rassurer sur leur avenir.

Sur le quatrième système. Les raisons que nous avons fait

(1) Discussions à la chambre des représentants, séances des 23 et 24 janvier 1844; *Monit. belge* des 24 et 25 janvier.

(2) *Des Principes de l'économie politique*, etc.

valoir dans le chapitre précédent, sont, en tous points, applicables au quatrième système; nous le repoussons donc également. Nous croyons, du reste, que ce système est entaché d'un vice radical, en ce qu'il laisserait aux communes la faculté d'aliéner telles parties de terrain qu'elles jugeraient convenable de ne pas exploiter, ou que leurs ressources ne leur permettraient pas de défricher. Il est presque certain que les communes abuseraient de cette latitude qui leur serait laissée; ou elles aliéneraient, sous les prétextes indiqués, la majeure partie de leurs terrains, ou elles compromettraient peut-être l'œuvre du défrichement en voulant tout exploiter par elles-mêmes, alors que les dépenses que cette entreprise nécessiterait, ne seraient pas en rapport avec leurs faibles revenus.

Sur le cinquième système. Ce système est le même que le premier, puisqu'il préconise également l'aliénation de la totalité des terrains incultes en faveur des particuliers; il diffère néanmoins de l'autre, en ce que les habitants de la commune deviendraient acquéreurs des biens, à l'exclusion des étrangers. Comme, d'un autre côté, les observations que nous avons présentées contre le troisième système lui sont en grande partie applicables, on conçoit que nous ne pouvons l'adopter.

Sur le sixième système. Si l'aliénation des terrains incultes paraît rencontrer peu de sympathies chez les habitants des communes propriétaires, on peut dire que le partage de ces biens répondrait à leurs vœux et à leurs espérances. C'est aussi le moyen auquel on s'était définitivement arrêté sous le gouvernement autrichien (1). Nous doutons fort cependant qu'il soit de nature à assurer le défrichement.

Il est bien entendu que le partage n'aurait lieu qu'à la condition expresse, que les terrains seraient exploités dans un délai déterminé. Personne, sans doute, ne refuserait le lot qui lui tomberait en partage. Eh bien, tout le monde aurait-il aussi les ressources nécessaires pour fournir, pendant de longues années, l'engrais indispensable à la fertilisation? On ne peut réellement l'espérer, d'après ce que nous avons

(1) *Ordonnance* du 15 septembre 1773, déjà citée.

dit plus haut de l'état de fortune de l'Ardennais et du Campinois. Du reste, le sol n'est-il pas déjà trop divisé, pour que l'on songe à le morceler encore, et ce morcellement n'est-il pas une des causes du paupérisme qui afflige surtout deux de nos plus belles provinces? Nous le croyons, et nous nous réservons de le prouver lorsque nous discuterons le dixième et dernier système. Enfin, nous ne pouvons non plus nous rallier au sixième système, parce qu'il présenterait une grande partie des inconvénients que nous avons reprochés au premier et au troisième systèmes.

Sur le septième système. La mise en location des terrains pour un long terme est le système que recommande la députation permanente du Hainaut, comme étant celui qui satisferait à la fois tous les intérêts; il avait déjà été proposé en 1755 par les anciens états de la même province (1). Dans ce système, en effet, les communes conserveraient leurs biens, et en les faisant exploiter par les locataires, elles se créeraient de nouvelles ressources : les habitants peu aisés amélioreraient leur position par le produit des parcelles qu'ils tiendraient en location, et la richesse du pays s'accroîtrait de la plus value qu'acquéreraient les terrains mis en culture. Il est incontestable que ce moyen serait efficace dans les communes pourvues des routes et des chemins nécessaires au transport des engrais; ces communes ne possèdent d'ailleurs plus qu'une quantité peu considérable de parcelles incultes, et leur population est proportionnée à l'étendue de leur territoire. Mais ce système donnerait-il les mêmes résultats dans les contrées désertes et immenses de l'Ardenne, dans ces contrées qui manquent de tout : de voies de communication, de bras et de capitaux? Il est permis d'en douter. C'est pourquoi, et tout en reconnaissant que le septième système pourrait avoir des chances de succès, nous ne pouvons l'admettre. D'ailleurs, il ne répond pas non plus à une partie des vues que nous avons émises en examinant le premier et le troisième sys-

(1) *Rapport de la députation permanente du Hainaut*, présenté au conseil provincial dans sa session de 1844. Mons, Monjot, pp. 285 et suiv.

tèmes; nous voulons dire qu'une portion des terrains doit être réservée au parcours du bétail, et que la classe ouvrière et souffrante doit trouver dans le défrichement un moyen d'améliorer sa triste condition.

Sur le huitième système. D'après les considérations que nous avons fait valoir précédemment, nous ne pouvons que nous rallier à ce système, en tant qu'il reconnaît la nécessité de réserver une portion des terres au parcours commun; nous partageons aussi l'avis qu'il y aurait lieu de réglementer le droit de pâturage. Il ne faut pas, en effet, qu'ainsi que cela se pratique aujourd'hui, le gros fermier puisse envoyer sur les terrains vagues autant de pièces de bétail qu'ils peuvent en contenir; il ne faut pas, en d'autres termes, que le riche vive aux dépens du pauvre : le nombre de têtes de bétail que chaque habitant est en droit de mettre au parcours, doit être proportionné aux besoins de chaque famille. Il importe, d'un autre côté, d'en interdire l'accès aux moutons dont la dent est funeste au pâturage. De bons règlements sur le parcours remédieraient au mal; ils devraient en même temps prescrire des mesures d'amélioration des pâturages, qui, en général, sont très-mauvais; en les améliorant, on augmenterait leurs produits, et l'habitant trouverait dans cette augmentation une compensation pour la perte que lui ferait éprouver la vente d'une partie des terrains incultes.

Les auteurs du système qui nous occupe, proposent en outre de vendre un tiers des terrains aux particuliers, et de donner le troisième tiers en arrentement aux habitants de la commune. Nous avons déjà repoussé ces moyens, et les raisons que nous avons données nous dispensent d'entrer, à ce sujet, dans de nouvelles considérations.

Sur le neuvième système. Nous ne sommes pas de ceux qui pensent, qu'il serait préférable d'abandonner à des sociétés l'œuvre du défrichement. L'expérience a suffisamment prouvé, croyons-nous, que les compagnies ne se forment que dans l'espoir positif de réaliser promptement de gros bénéfices, et qu'elles prennent peu ou point à cœur les avantages que la chose publique peut retirer de leurs entreprises. Il n'y a là rien qui doive étonner, car c'est l'intérêt privé qui dirige les sociétés particulières, et si, par hasard, il se trouve d'accord avec l'intérêt public, ce n'est, le plus souvent, que grâce à une circonstance fortuite et tout à fait secondaire aux yeux des actionnaires.

Du reste, nous croyons avoir suffisamment démontré plus haut, que bien que l'agriculture offre des placements solides, les capitaux n'y affluent pas, parce qu'on préfère et préférera toujours les confier à l'industrie et au commerce; ceux-ci, il est vrai, ont leurs dangers et leurs vicissitudes, mais ils promettent des bénéfices plus forts et plus prompts. D'un autre côté, il n'arrive que trop souvent que les actionnaires, au lieu de compter des dividendes, n'ont que des pertes à constater; cela a lieu chaque fois que les administrateurs des compagnies manquent de l'habileté nécessaire ou que leur gestion est infidèle. Si, dans ces cas, les compagnies se soutiennent pendant quelque temps, c'est parce que leurs fonds servent à couvrir les frais d'administration, et qu'elles n'apprennent souvent leur ruine que lorsqu'elle est consommée. L'industrie des mines de houille ne nous a déjà offert que trop de malheureux exemples de ce genre; car, si elle a fait bien des fortunes, elle en a aussi détruit un bon nombre; il serait plus considérable encore, si les exploitations houillères n'avaient pas, plus que toute autre industrie, produit des bénéfices hors de toute proportion.

Nous le déclarons donc hautement : de tous les systèmes proposés, le neuvième nous paraît être celui qui aurait le moins d'avenir; il a, d'ailleurs, déjà été tenté sans succès. Aucun document public ne constate, en effet, que la Société Pauwels, Dewitte et consorts, à laquelle le gouvernement de Philippe II avait concédé, en 1577, la moitié des terrains vagues des Pays-Bas qu'elle mettrait en culture, ait produit des résultats satisfaisants; la preuve s'en trouve écrite dans les ordonnances sur le défrichement, rendues à peu près deux siècles plus tard.

Sur le dixième et dernier système. Dans ce système, les terrains, à l'exception de ceux qui sont isolés et ne peuvent se rattacher à un centre commun d'exploitation, seraient expropriés au profit de l'État, qui les cultiverait par lui-même. Nous venons de voir que l'exploitation par des compagnies offrirait un moyen peu sûr de défrichement, parce que le principe qui les fait agir a presque exclusivement sa source dans l'intérêt privé. Le gouvernement, au contraire, est déterminé par de tout autres motifs, quand il se décide à faire des entreprises de nature à exercer de l'influence sur le bien-être national; ce n'est pas le bénéfice pécuniaire, mais la chose publique qui le préoccupe; ce n'est pas non plus le besoin de réaliser promptement les dividendes et de s'enrichir qui fixe son attention, mais bien l'avenir avec ses précieux avantages qui sont parfois d'autant plus certains et plus grands, qu'ils sont plus éloignés. Et pourrait-il en être autrement, alors que les gouvernements sont les tuteurs nés, les protecteurs éclairés des intérêts généraux? C'est là, en effet, leur haute mission.

Ces considérations seules suffiraient pour nous rallier au point fondamental du dixième système: nous voulons parler de l'expropriation des terrains incultes au profit de l'État, et de leur mise en culture à ses frais. Ainsi que nous l'avons vu dans le cours de cet Essai, l'exploitation des terrains est une entreprise très-onéreuse; elle réclame des avances pécuniaires qui ne sont pas à la disposition de tous les cultivateurs, et les capitalistes n'y engageraient pas leur argent; elle exige en outre chez l'entrepreneur beaucoup de prudence, de connaissances et de zèle. Eh bien! le gouvernement réunit ces conditions, en même temps qu'il offre toutes les garanties de succès.

Mais il est des considérations d'un ordre plus élevé, qui réclament l'intervention puissante du gouvernement.

La Belgique se distingue entre tous les États de l'Europe, par la libéralité de ses institutions politiques, par le grand nombre de ses établissements de bienfaisance, et par ses progrès dans les arts et l'industrie; elle est à la fois un modèle et une expérience de civilisation avancée, et elle offre une admirable réunion de ressources de toute espèce. On y remarque partout la vie et l'activité; l'intérêt national y triomphe et se confond avec l'intérêt de son auguste dynastie; la confiance, la paix et la tranquillité y règnent de toutes parts.

Cependant, au milieu de cette prospérité générale dont

la Belgique nous offre l'heureux spectacle, un fait déplorable s'y produit, comme dans la plupart des pays où l'industrie a pris un trop rapide développement : c'est l'accroissement incessant du paupérisme. Nous n'entreprendrons pas d'en retracer ici le triste tableau, et d'en indiquer toutes les causes; cela n'entre pas dans le cadre de notre sujet. Mais nous renverrons à deux publications récentes (1) ceux de nos lecteurs qui pourraient douter que le mal, que nous nous bornons à signaler, n'est point réel et n'exige pas un remède prompt et efficace. Qu'il nous suffise de dire qu'en 1839, la Belgique, avec une population de 4,034,632 habitants (2), comptait 587,095 indigents secourus par les bureaux de bienfaisance, ainsi 1 indigent sur 7 de la population totale du royaume, et que, depuis, le nombre des indigents, loin de rester stationnaire ou de diminuer, s'est accru dans une proportion effrayante. C'est surtout dans les Flandres que la misère publique est profonde et qu'elle menace de s'étendre chaque jour davantage; ces provinces comptent, par suite de la crise qu'y subit l'industrie linière, 300,000 individus réduits à un état voisin de la détresse!

Par quels moyens arrêter le cruel fléau du paupérisme? C'est là une question d'intérêt national. A ce grand mal il faut un remède souverain; pour l'empêcher d'étendre ses ravages à toutes les ramifications de l'arbre social, ce n'est pas à de demi-mesures qu'il faut recourir, c'est une grande décision qu'il faut prendre, une décision digne d'un peuple éminemment philanthrope. Nous voulons dire que le gouvernement seul peut, par sa forte et bienfaisante intervention, faire cesser toutes les alarmes et rétablir la confiance et le bien-être là où règnent aujourd'hui le découragement et la misère. Hâtons-nous d'ajouter, à l'honneur de l'ou-

(1) DUCPÉTIAUX, *loco citato*; — PLETAIN (Armand), *Du Paupérisme* : Mémoire couronné par la Société des Sciences, des Arts et des Lettres du Hainaut. Mons, Em. Hoyois, 1844, T. IV des Mémoires de la Société.

(2) *Statistique de la Belgique. Population. Relevé décennal.* — 1831 à 1840. Publié par le ministre de l'intérieur (Nothomb). Bruxelles, Vandooren, 1842, p. 244.

vrier flamand : ce n'est pas une aumône qu'il demande à la pitié; c'est du travail qu'il réclame pour lui et les siens (1).

En présence de tant de maux et de souffrances, le gouvernement hésitera-t-il à intervenir dans l'œuvre du défrichement?

Mais ce ne sont pas seulement les crises dans le commerce et dans l'industrie qui sont à redouter; il est d'autres faits bien graves qui méritent également de fixer notre attention. Le sol de la Belgique ne produit pas assez pour la nourriture du peuple, et elle est obligée d'importer chaque année une masse de céréales pour suppléer à cette insuffisance (2). La quantité de grains que les spéculateurs nous fournissent ne s'élève pas à moins de 96,730,101 hectolitres, représentant une valeur de 12,907,648 fr. (3). Ajoutons à cela que, depuis 1830 surtout, le chiffre de la population a suivi une progression ascendante et soutenue (4), tandis que le prix des denrées n'a, pour ainsi dire, pas varié et qu'il est aujourd'hui à peu près au même taux qu'au commencement de cette période (5). Cependant le pain est le principal aliment de la classe ouvrière : dans les Flandres, par exemple, il entre pour neuf dixièmes dans la nourriture de l'ouvrier (6)!

Il n'est pas probable que la population reste aujourd'hui stationnaire; on ne peut non plus espérer que le prix des

---

(1) Ducpétiaux, *loco citato;* — Discours de MM. Castiau, d'Elhounghe, Pirmez, Van Cutsem, Desmaizières, Dumortier, Desmet, de Mérode à la chambre des représentants, séances des 23 et 24 janvier 1844; *Moniteur belge* des 24 et 25 janvier.

(2) M. Smits, ancien ministre des finances : Discours à la chambre des représentants dans la question des tabacs, séance du 18 juin 1844; *Monit. belge*, supp. au n° 171 du 19 juin.

(3) Heuschling : *Essai sur la statistique générale de la Belgique;* supplément à la seconde édition. Bruxelles, Établissement géographique de Ph. Vandermaelen, 1844, p. 43.

(4) Publication de la commission centrale de statistique, déjà citée.

(5) Heuschling, *loco citato*, pp. 68 et 69.

(6) *Enquête commerciale et industrielle*, n° 137 de la collection des actes de la chambre des représentants de la session de 1840-1841, p. 669.

denrées diminue d'une manière sensible; les moyens de subsistance se trouveront donc chaque jour moins en rapport avec la consommation; la plaie de la misère ne pourra que s'agrandir aussi davantage et finir par devenir incurable, si l'on n'y apporte un prompt remède. Le remède le plus efficace et le plus sûr, c'est de chercher à accroître la somme des moyens de subsistance.

L'industrie manufacturière a atteint son apogée; il y a partout un trop-plein de produits manufacturés et absence de débouchés suffisants. Ce n'est donc pas à cette industrie qu'on peut demander de *nouvelles* ressources pour la population présente et pour celle à venir. L'industrie agricole doit seule les fournir, et elle peut les donner, car toute une province peut être rendue à l'agriculture.

En conseillant de faire passer les terrains incultes dans les mains de l'État, les auteurs du dixième système ont encore un autre but que celui de venir en aide à la classe pauvre; ils veulent empêcher le morcellement à l'infini du sol, et favoriser la grande culture dans l'intérêt des perfectionnements agricoles.

On ne compte aujourd'hui pas moins de 6,000,000 de parcelles de terrain en Belgique et 700,000 propriétaires (1). Avant la dislocation des provinces de Limbourg et de Luxembourg, ces nombres s'élevaient respectivement à 6,576,459 et 945,659 (2).

« Dans le Hainaut, par exemple, le morcellement avance *sept fois* aussi rapidement que dans la Flandre occidentale, et plus de deux fois aussi rapidement que dans la Flandre orientale (3). »

Dans le principe, le morcellement a incontestablement

---

(1) Ducpétiaux, *loco citato*.

(2) *Statistique territoriale du royaume de Belgique*, basée sur les résultats des opérations cadastrales, exécutées jusqu'à la fin de 1834, et publiée par les soins de M. le baron d'Huart, ministre des finances. — Bruxelles, Balleroy. 1839, p. 287. — Heuschling, *loco citato*, p. 75.

(3) *Rapport* de la commission, présenté au conseil provincial du Hainaut, session de 1843, sur le défrichement des bruyères.

amélioré la position de la classe moyenne et de la classe ouvrière; en s'étendant à l'infini, il devient un obstacle à l'exploitation économique et rationnelle du sol; car la grande culture ne peut se pratiquer que sur de vastes terrains, et elle exige, par cela même, de fortes avances que le petit cultivateur ne peut faire; si le sol n'est pas convenablement amendé, il finit par s'appauvrir et s'épuiser; les produits, au lieu d'augmenter, diminuent, et le jour vient où les plus chères espérances du paysan s'évanouissent pour faire place à la détresse.

« L'Irlande nous offre de tristes exemples du morcellement : les plus vastes propriétés s'y divisent et s'y subdivisent quelquefois, par l'effet des sous-locations, jusqu'à un acre, un demi-acre et même un quart d'acre, sur lequel végète une famille dénuée de toute avance (1). »

C'est aussi à la subdivision à l'infini du sol, qu'il faut attribuer le prix excessif des locations et la dureté des clauses de certains baux, et ce sont là autant de causes qui ne sont pas étrangères au paupérisme.

Enfin, le morcellement progressif du sol est contraire aux perfectionnements agricoles. Ceux-ci, en effet, demandent aussi une action large, de grands capitaux et une grande étendue de terrains; en d'autres termes, la grande culture est la plus propre à donner la plus grande masse de produits (2).

Mais, écoutons ce que dit, au sujet du morcellement, un des premiers économistes de notre époque.

« En France, la division du sol a été poussée si loin, que certaines parcelles formant le lot d'une famille ne comportent plus la nourriture d'une couple de bœufs ou de vaches, et il arrive que la bêche s'y substitue à la charrue. Ce n'est encore qu'un fait comparativement rare et partiel, mais il est grave. Il est clair que s'il se généralisait, nous nous trouverions, sous prétexte de progrès, avoir rétrogradé jus-

---

(1) Ducpétiaux, *loco citato;* — Droz, *Économie politique*. Paris, Lecharlier, 1829, p. 87.

(2) Droz, *loco citato*.—Le comte de Gasparin, *De l'Administration de l'agriculture en France*. Paris, 1843.

qu'à l'époque où la charrue n'avait pas été inventée (1). »

Hâtons-nous toutefois d'ajouter, que si nous voulons que le territoire d'un État contienne de vastes étendues de terrain susceptibles de la grande culture, nous voulons aussi qu'à côté de ces domaines il existe de moyennes et de petites propriétés; c'est là d'ailleurs la division que réclament les principes de la formation et la distribution des richesses.

Nous croyons en avoir dit assez, pour prouver qu'il est nécessaire, qu'il est indispensable que le gouvernement entreprenne l'exploitation d'une partie de nos terres incultes : si l'on pouvait conserver quelques doutes à cet égard, nous espérons que nous parviendrons à les dissiper dans la suite de cet Essai. Toutefois, on comprendra sans peine, que par suite des réserves que nous avons faites précédemment en faveur des habitants et de la commune, nous ne pouvons nous rallier au dixième système, que pour autant qu'il consacre le principe de l'intervention directe du gouvernement dans l'exploitation des terrains. D'un autre côté, tout en partageant l'avis qu'il y a lieu de coloniser et de soumettre à la grande culture les biens qui tomberaient dans le domaine de l'État, nous ne pouvons admettre la mise en location des habitations et l'exploitation en commun des terrains qui y seraient annexés; nous nous en expliquerons ailleurs.

Pour peu qu'on ait suivi la discussion avec attention, on aura deviné sans peine quel est le système que nous voulons substituer à ceux qui précèdent. On aura pu voir que, dans notre opinion, une partie des terrains incultes doit rester affectée au parcours commun; qu'il est nécessaire d'en réserver une autre portion à la commune, et qu'une partie devra également en être attribuée à l'État. On aura pu remarquer en outre, que nous adoptons, comme complément de notre système, les moyens suivants dont il a été question ci-dessus : Faire cesser l'indivision qui frappe une

---

(1) Michel Chevalier, *Cours d'économie politique fait au collége de France*, par M. Chevalier; rédigé par M. A. Broët. Paris. Capelle, 1842 p. 67.

partie des terrains à défricher; — les purger du droit de propriété acquis à des particuliers, et les affranchir du droit de pâturage et autres semblables acquis à des tiers; — reboiser une partie des contrées à défricher; — sillonner ces contrées de voies de communications; — peupler ces mêmes contrées; — exempter les terrains et les colons de toute espèce d'impôts pendant un temps donné.

Passons aux développements de notre système.

Est-il possible de déterminer, dès à présent, la partie qui serait destinée au pâturage du bétail? Nous ne le pensons pas. Dans certaines communes, en effet, les terrains livrés au parcours sont en disproportion avec les besoins réels des habitants, tandis qu'il en est d'autres, qui ne possèdent que la quantité d'hectares rigoureusement nécessaire à l'alimentation des familles pauvres. On ne pourrait donc pas, croyons-nous, adopter une mesure générale à cet égard, telle que celle qui avait été prescrite par le décret du 9 mai 1757; d'après ce décret, le tiers des terrains incultes devait servir au pâturage du bétail; une pareille mesure, qui serait d'une application facile dans une commune, serait impraticable dans une autre; elle pourrait être avantageuse à une localité et être fatale à une autre. Nous ne voyons qu'un seul moyen de lever cette grave difficulté; il nous paraît d'autant plus convenable, qu'il permettrait de conserver à la loi sur le défrichement le caractère de généralité, c'est-à-dire celui qui toujours doit distinguer les actes de la législature.

Voici ce moyen : les conseils communaux détermineraient, sous l'approbation du gouvernement, la portion des terrains incultes jugée nécessaire au parcours commun, en prenant pour base de cette fixation, le nombre des chefs de famille de la commune, et l'attribution d'un hectare à chaque chef de famille tenant bétail sur les pâturages. Pour la commodité des habitants, ces terrains seraient choisis de préférence parmi ceux qui avoisinent les habitations. La législature imposerait en même temps aux conseils communaux, l'obligation d'arrêter, conformément à l'art. 77 de la loi communale du 30 mars 1836, et dans un délai déterminé, des règlements pour le parcours. Ces règlements, dont nous avons déjà démontré la nécessité, auraient pour effet d'assurer l'amélioration des pâturages et d'en augmenter les produits à l'avantage commun des habitants.

Il va de soi que, dans les communes où les terrains n'excéderaient pas les besoins du parcours, il n'y en aurait pas à emprendre par l'État, et il n'en resterait pas non plus à la commune pour être livrés à la culture.

Si nous avons établi, qu'on ne pouvait enlever aux habitants tous les avantages qu'ils retirent aujourd'hui du parcours commun, nous avons aussi cherché à prouver, qu'on ne devait pas davantage priver la commune du moyen d'augmenter ses ressources et sa prospérité, en entreprenant l'exploitation d'une partie de ses terres incultes. Pour rester conséquent avec ce dernier principe, nous voudrions donc que la loi disposât en outre, que dans les communes où les terrains excédant ceux qui seraient livrés au parcours ne dépasseraient pas dix hectares, il n'y aurait pas lieu à expropriation au profit de l'État.

En ce qui concerne la portion de terres qui resterait, déduction faite de celles à livrer au parcours, de celles qui, par commune, n'excéderaient pas celles-ci de dix hectares, et de celles grevées d'un droit de propriété acquis à des particuliers, cette portion, disons-nous, serait divisée en deux parties égales, dont l'une resterait à la commune et l'autre tomberait en partage à l'État.

L'indemnité revenant aux communes pour les terrains dont l'État deviendrait acquéreur, serait fixée par experts, et convertie en inscriptions 3 p. °/₀ sur le grand livre de la dette publique, *qui ne prendraient cours qu'à partir du jour où les terrains seraient livrés au défrichement.*

Ce mode de payement serait préférable, en ce qu'il n'obligerait pas l'État à faire immédiatement de ce chef une dépense qui, ainsi que nous le verrons plus loin, ne s'élèverait pas à moins de 15,000,000 de francs.

D'après M. Ducpétiaux, les terrains incultes qui couvrent le sol de la Belgique forment 333,423 hectares (1), y compris, sans doute, les terres qui appartiennent, en pleine pro-

(1) *Loco citato*, p. 34.

priété, à des particuliers et qui sont en assez grand nombre, les marais non saignés qui ne procurent qu'un pâturage de mauvaise qualité, de même que les terrains essartés ou couverts de broussailles, qui ne donnent que des produits insignifiants et peuvent être considérés aussi comme terrains à défricher. Mais une partie de ces terres serait emprise par les voies de communication ; une autre partie sur laquelle il y a un droit de propriété acquis à des particuliers, serait cédée à leurs détenteurs actuels; enfin, une autre partie resterait condamnée à une stérilité perpétuelle, parce qu'elle est occupée par le roc ou le schiste pur. Nous supposons que 33,423 hectares devraient être déduits de ce chef. Resteraient donc 300,000 hectares à livrer au défrichement. Nous supposons en outre que la partie à affecter au parcours commun serait, tout au plus, du tiers de ce nombre, de manière que la part à réserver aux communes et celle à attribuer à l'État, s'élèveraient chacune à 100,000 hectares. Or, le prix moyen de chaque hectare ne dépasserait pas 150 francs, de manière que les 100,000 hectares destinés à l'État coûteraient 15,000,000 de francs, somme indiquée ci-dessus.

En ce qui concerne la rente 3 p. %, elle pourrait aussi, comme nous le verrons plus loin, être remboursée sans sacrifices de la part de l'État. Si nous n'élevons la rente qu'à 3 p. %, c'est parce que les terres mises en location rapportent rarement au delà au propriétaire, surtout dans l'Ardenne, et que la commune se trouverait ainsi suffisamment dédommagée. Du reste, il ne faut pas perdre de vue, que la plupart des communes ou des particuliers ne retirent aujourd'hui que peu ou point de bénéfice de leurs terres incultes; leur accorder un intérêt de 3 p. % de la valeur vénale de celles-ci, ce serait donc en quelque sorte leur donner beaucoup en échange de rien.

Mais il ne suffit pas d'avoir opéré le partage des terres; il faut encore indiquer comment les communes et le gouvernement devraient s'y prendre, pour parvenir à la mise en exploitation des lots qui leur seraient respectivement assignés. Ici surgissent réellement les difficultés. Comment voulez-vous, nous demandera-t-on, que les communes propriétaires des terrains incultes, puissent faire la dépense du défrichement et de l'exploitation, alors qu'elles sont généralement pauvres; que leurs ressources suffisent à peine pour couvrir les frais d'administration, et que beaucoup d'entre elles doivent même avoir recours aux subsides de la province et de l'État, chaque fois qu'elles sont dans le cas de faire une dépense extraordinaire? Ces observations ne sont que trop fondées; nous les avons d'ailleurs déjà présentées nous-mêmes. Aussi reconnaissons-nous, qu'il faudrait désespérer de voir les communes opérer elles-mêmes l'exploitation des terrains que nous voulons qu'on leur réserve, si l'on ne trouvait un moyen des plus économiques et qui même ne doit rien ou presque rien leur coûter.

Comment ont été exécutés les chemins vicinaux sans nombre, qui lient aujourd'hui entre elles les 2500 communes du royaume? Sont-ce les communes qui en ont fait les frais? Non, ils sont l'ouvrage de l'habitant. Comment s'élèvent, dans les communes pauvres, la plupart des constructions publiques? Elles se font par voie d'économie, c'est-à-dire que les habitants se chargent du transport des matériaux nécessaires à la bâtisse, et que la dépense qui incombe à la commune se borne au payement du prix de la main-d'œuvre et des frais de rédaction des plans. Pourquoi les habitants ne seraient-ils pas appelés à exploiter des terres dont ils retireraient seuls les avantages? Cette mesure, nous dira-t-on, serait peu goûtée par les habitants et serait, par ce motif, d'une exécution difficile. Il n'y a pas longtemps encore que notre voirie vicinale était dans un état pitoyable, et plus d'une année s'écoula avant que les nouvelles dispositions gouvernementales qui furent prises pour y remédier, ne fussent mises à exécution. On finit cependant par comprendre que les communications vicinales seraient d'une utilité réelle; on se mit donc à l'ouvrage et des milliers de lieues de chemins s'exécutèrent bientôt comme par enchantement. C'est ainsi qu'il faut du temps, même aux meilleures choses, pour être adoptées.

Eh bien, de même que les habitants consacrent aujourd'hui quelques jours seulement de l'année, aux travaux de construction et d'entretien des chemins vicinaux, ils pourraient, sans inconvénient, disposer également de quelques jours en faveur de la grande œuvre du défrichement. Cela ne les empêcherait pas de faire à temps leurs propres travaux. D'ailleurs, afin de ne pas entraîner les communes dans des dépenses au-dessus de leurs revenus, et d'alléger la charge des habitants, le défrichement pourrait n'avoir lieu que successivement; la portion à défricher pourrait être aménagée en un nombre d'années proportionné à l'étendue des terrains, au nombre de bras qui pourraient être employés à l'exploitation et aux ressources communales qui pourraient y être affectées. Cette opération aurait d'ailleurs cet avantage, que le revenu du lot déjà défriché pourrait servir à couvrir une partie des frais que nécessiterait l'exploitation du lot qui le suivrait immédiatement. Il est à remarquer, d'un autre côté, que le concours des habitants cesserait dès qu'il ne resterait plus de lot à exploiter. Dans le but d'encourager les habitants et de les porter à prêter leur concours actif, les terrains, lorsqu'ils seraient en plein rapport, leur seraient donnés en location. Enfin, quant aux parties de terre qui auraient été converties en forêts, elles profiteraient aussi aux habitants, puisque les bois provenant de ces forêts pourraient, après le payement des frais d'entretien et d'exploitation, leur être distribués en affouage, ainsi que cela se pratique déjà dans un grand nombre de communes qui possèdent des propriétés boisées.

N'oublions pas de dire que le défrichement et la mise en culture des terres, occasionnerait certaines dépenses en dehors de celles qui seraient représentées par les travaux des habitants. Ces dépenses, peu fortes d'ailleurs, concerneraient les engrais, les semences ou plants, et, dans certaines communes qui comptent peu de cultivateurs tenant charrue, les instruments nécessaires au labour. Ces frais, de même que ceux du partage des terres en terres de parcours, en terres réservées à la commune et en terres destinées à l'État, seraient prélevés sur le crédit qui serait alloué chaque année au budget de la commune sous le libellé suivant : *Fonds spécial pour le défrichement et la mise en valeur des terrains incultes de la commune* (*Loi du* , *art.*). Ce fonds se composerait : 1° de la rente 3 pour cent que l'État payerait annuellement à la commune pour les terres qui lui seraient concédées; 2° de la redevance des terres qui seraient cédées à leurs détenteurs actuels; 3° de l'indemnité pour droit de pâturage et autres semblables; 4° de l'indemnité pour emprises nécessaires à l'établissement des voies de communication; 5° du revenu annuel des terrains mis en culture, et 6°, en cas d'insuffisance de ces ressources, d'une allocation sur la caisse communale, ou bien encore, en ce qui concerne les communes dénuées de ressources, de subsides à fournir par la province et par l'État. Ces subsides seraient pris sur les fonds destinés annuellement à encourager l'agriculture.

Nous croyons pouvoir dire, que le moyen que nous proposons pour assurer l'exploitation de la partie de terres à réserver aux communes, serait à la fois des plus simples et très-économique, et que, pour ces motifs, il ne saurait rencontrer d'obstacle sérieux dans son exécution.

Passons au mode d'exploitation à suivre par l'État, pour mettre en valeur les terres qui lui seraient attribuées; d'après ce que nous avons établi plus haut, il doit être basé sur la nécessité qu'il y a pour le gouvernement, de donner l'exemple du défrichement; de venir promptement en aide à la classe ouvrière et d'arrêter les progrès incessants du paupérisme; d'assurer la subsistance des générations futures; d'empêcher le morcellement à l'infini du sol et de favoriser la grande culture; enfin, de se mettre à la tête des perfectionnements agricoles. Voici, en conséquence, ce mode.

La part de l'État serait choisie, de préférence, parmi les terrains qui pourraient se rattacher à des centres communs d'exploitation; cette portion, que nous avons portée à 100,000 hectares, serait divisée en 400 cantons, chacun de 240 hectares; ces 400 cantons seraient aménagés en quatre périodes, chacune de huit années : la première année de chaque période il serait construit 100 corps de fermes; la ferme comprendrait 120 hectares de terres; à chaque ferme seraient annexées 60 habitations destinées à recevoir pareil nombre de familles pauvres, entre lesquelles les 120 hectares restant du canton, seraient répartis par portions égales, ce qui ferait deux hectares par famille ; lors de l'admission de chaque famille dans la colonie, il lui serait ouvert un crédit de 1000 francs qui serait destiné : 400 francs à la construction d'une habitation, 200 francs à l'achat d'une vache et des instruments aratoires, et 400 francs à une partie des frais d'entretien de la famille et à l'acquisition des fourrages nécessaires pendant les premières années; les colons seraient exemptés de toute espèce de contribution pendant seize ans; les fermes du gouvernement jouiraient de la même exemption aussi longtemps qu'elles ne passeraient pas en mains des particuliers; au bout de huit années, terme jugé nécessaire pour que les terres produisent une récolte entière, celles qui auraient été défrichées par les colons, leur seraient définitivement concédées, après qu'il aurait été constaté qu'elles sont en plein rapport.

En ce qui concerne les fermes, la direction en serait confiée à un fermier, pour la partie pratique, et à un ingénieur agricole, pour la partie théorique. Les 100 fermes établies au commencement de la première période seraient vendues au commencement de la deuxième, et le prix à en provenir servirait à l'établissement de 100 nouvelles fermes; celles-ci seraient aliénées au commencement de la troisième période, et la somme qu'elles produiraient serait destinée à la création de 100 autres fermes; ces dernières seraient également vendues au commencement de la quatrième période, et le prix qu'on en retirerait serait employé à l'établissement des 100 dernières fermes; celles-ci seraient aliénées au bout de la période qui les aurait vu élever ; dans l'intervalle (quatre ans au moins), qui séparerait les études et les travaux préparatoires du défrichement, de l'époque où l'on pourrait mettre la main à l'œuvre, l'École vétérinaire de l'État formerait des ingénieurs agricoles; dans ce but, le gouvernement serait autorisé à porter à 100 le nombre des bourses instituées par l'arrêté royal du 8 juin 1844.

Les corps de fermes pourraient être bâtis en fer. Ce mode de construction, s'il était suivi, deviendrait un moyen de faire adopter chez nous l'architecture métallurgique, et, par suite, de relever avec le temps une de nos principales industries, celle de la sidérurgie. On sait que les maisons en fer offrent plus d'économie que les habitations en briques; les frais de leur entretien sont aussi moins considérables (1).

Les idées que nous venons d'émettre ont besoin d'être développées; c'est ce que nous allons essayer de faire.

D'après des calculs approximatifs que nous avons établis et que nous croyons exacts, une ferme de 120 hectares, pourvue des bâtiments, du matériel, des bestiaux, des domestiques et du personnel dirigeant nécessaires, aurait coûté, au bout de huit années d'exploitation (2), une somme de 200,450 francs, dont voici la répartition :

DÉPENSES.

A. *Frais de premier établissement.*

Corps de logis, granges, écuries, étable, bergerie, hangards avec crèches.......... fr.	25,000
Honoraires de l'architecte................	1,000
Huit chevaux à raison de 500 francs le cheval.	4,000
Huit vaches, à raison de 150 fr. la vache...	1,200
Cent moutons, à raison de 15 fr. la pièce...	1,500
Voitures, chariots, tombereaux, rouleaux, herses, charrues, cuvelles, seaux, échelles, colliers, attirails complets.................	3,500
Dépenses imprévues.....................	800
Total..... fr.	37,000

(1) *Jobard : Industrie française.* Rapport sur l'exposition de 1839. Bruxelles, Meline, 1841, T. I, p. 182 et suiv.

(2) Nous raisonnons ici dans l'hypothèse que les terrains ne seraient en plein rapport qu'au bout de huit années. La première sole, en effet, ne donnerait que 3/9 de récolte; la seconde, 4/9; la troisième, 5/9, la quatrième 6/9; la cinquième, 7/9; la sixième, 8/9 et la septième, 9/9 ou une récolte entière. L'année qui servirait aux constructions devrait être ajoutée aux sept nécessaires à l'exploitation. Ce n'est donc réellement qu'au bout de huit années que la ferme serait en plein rapport.

B. *Dépenses d'exploitation.*

Première année d'exploitation : Rente en inscriptions 3 p. °/°, de 240 hectares (y compris ceux mis à la disposition des colons), calculée à raison de 150 francs l'hectare...........fr.	1,080
Fourrages et avoine....................	6,000
Personnel des domestiques : 14 personnes..	4,000
Personnel dirigeant : *un fermier et un ingénieur agricole*..........................	5,000
Paille pour fumer la première solelogrammes.	6,500
Dépenses imprévues....................	870
Total des dépenses...	23,450
Deuxième année........................	26,000
Troisième »	22,000
Quatrième »	21,000
Cinquième »	18,000
Sixième »	18,000
Septième »	17,000
Huitième »	18,000
Total...fr.	163,450
Frais de premier établissement.....	37,000
Total général des dépenses...fr.	200,450

soit 200,000 francs, en négligeant les 450 francs qu'on pourra économiser sur les dépenses imprévues.

Les 100 fermes de la première période auraient donc coûté 200,000 × 100 ou 20,000,000 de francs.

RECETTES.

Première année.

Vente de	60	hectolitres	de froment, à 20 fr...	1,200
»	144	»	d'avoine, à 8 fr......	1,152
»	60	»	d'orge, à 10 fr......	600
»	810	»	de p. de terre, à 2 fr.	1,620
»	2256 gerbes de vesces et de fèves, à 50 c.			1,128
»	de la récolte de 2 hectares de lin, à 250 fr.			500
			A reporter....	6,200

Report.... fr.	6,200
Vente de la récolte de 3 h. de betteraves, à 200 fr.	600
» de 400 kilogrammes de laine, à 3 fr.....	1,200
Total...fr.	8,000

Les recettes des six années subséquentes augmenteraient en raison de la plus-value qu'acquéreraient les récoltes, laquelle, ainsi que nous l'avons vu plus haut, serait d'un neuvième par an. En outre, ce qui ajouterait aux recettes, ce serait la vente de quantités, croissantes d'année en année, de foin, de beurre, de veaux, etc., qu'on pourrait faire, à partir de la deuxième sole, c'est-à-dire lorsque les prairies commenceraient à produire.

Suivant nos calculs, les recettes des années suivantes s'élèveraient respectivement pour la

Deuxième année, à.....................fr.	14,000
Troisième »	16,000
Quatrième »	20,000
Cinquième »	23,000
Sixième »	25,000
Septième »	29,000
Ensemble...fr.	127,000
Recettes de la première année.....	8.000
Total général des recettes...fr.	135,000

Si une ferme doit produire pendant sept ans, 135,000 fr., les 100 fermes donneraient, pendant le même espace de temps, fr. 135,000 × 100 ou 13,500,000 francs.

A la fin de la période, c'est-à-dire lorsque les fermes seraient en plein rapport, le revenu de chaque ferme, ainsi que nous venons de le voir, serait de 29,000 francs.

Or, en admettant que la ferme rapporterait 10 p. °/o, ces 29,000 francs permettent de supposer que chaque ferme représenterait, au bout de la période, un capital de 290,000 fr.; les 100 fermes représenteraient donc un capital de fr. 290,000 × 100 = 29,000,000, c'est-à-dire que la mise de fonds (20,000,000) se trouverait augmentée de près d'un tiers.

A l'excédant de 9,000,000 de francs, il faut ajouter les

13,500,000 francs qu'auraient produit les 100 fermes pendant les sept années; l'État aurait donc, après avoir vendu ses fermes, réalisé un bénéfice de 22,500,000 fr., c'est-à-dire qu'il aurait plus que doublé ses avances.

Le bénéfice qu'on réaliserait par la vente des fermes, suffirait sans doute amplement pour payer l'intérêt de l'emprunt de 20,000,000 qui aurait servi à l'établissement des fermes, et l'intérêt de l'emprunt de 10,000,000 affecté aux voies de communication; pour couvrir les primes à payer aux colons, et pour racheter la rente 3 p. °/₀, des 24,000 hectares mis en exploitation tant par les fermes que par les colons.

En effet, voici le relevé de ces différentes dépenses :

DÉPENSES.

1° Primes aux 6000 familles, à raison de 1000 fr. par famille....................	6,000,000
2° Intérêts à 4 p. °/₀ des emprunts pendant les huit années........................	9,600,000
3° Rachat des inscriptions 3 p. °/₀ des 24,000 hectares exploités pendant la période, à raison de 150 fr. l'hectare.............	3,600,000
Total des dépenses.... fr.	19,200,000

RECETTES.

1° Revenus des 100 fermes pendant la première période........................ fr.	13,500,000
2° Produit de la vente de ces fermes......	29,000,000
Total des recettes..... fr.	42,500,000
Total des dépenses.......	19,200,000
Boni, déduction faite de 20,000,000 de fr. destinés à l'établissement de 100 nouvelles fermes pendant la seconde période.......fr.	3,300,000

Ce n'est pas tout : 12,000 hectares de terres incultes se trouveraient défrichés et en plein rapport, sans compter pareil nombre d'hectares qui auraient été exploités par les colons.

Inutile de faire remarquer que les fermes des 2e, 3e et 4e périodes donneraient les mêmes résultats, et que le gouvernement, en vendant successivement les fermes, aurait, au bout de 32 ans, récupéré les 20,000,000 de francs qui auraient servi à l'établissement de ces fermes; que ces 20,000,000 le mettraient à même de rembourser l'emprunt de pareille somme, et qu'il aurait réalisé en outre un bénéfice de 13,200,000 francs, qui lui permettrait amplement de rembourser aussi l'emprunt de 10,000,000 de fr., qu'il aurait employé à l'établissement des voies de communication.

Ainsi, au bout des quatre périodes, c'est-à-dire après 32 ans, la portion de terres qui aurait été cédée à l'État se trouverait, à 4,000 bonniers près, rendue à la culture.

En outre, le gouvernement aurait assuré l'existence de 24,000 familles pauvres!

On nous fera peut-être remarquer que ces 24,000 familles, en supposant que chacune d'elles se composât, terme moyen, de six individus, ne formeraient que 144,000 personnes, et qu'il y aurait loin de là aux 300,000 ouvriers des Flandres que nous avons dit être dans la détresse. Mais il ne serait pas nécessaire de déplacer toutes ces personnes. Les 144,000 qui abandonneraient leurs foyers, permettraient à celles qui resteraient de se créer plus facilement des moyens d'existence. D'ailleurs, ainsi que nous l'avons déjà fait observer, on ne peut espérer que l'émigration s'étendrait à toutes les familles pauvres. Cela n'est pas non plus à souhaiter, car on ne pourrait, sans compromettre les intérêts industriels des Flandres, enlever à ces deux provinces un tiers de leur population.

Enfin, le défrichement et la mise en valeur de nos terres incultes, viendraient accroître l'impôt foncier d'une manière très-sensible.

En ce qui concerne les terres que le gouvernement revendrait, elles seraient soumises à l'impôt dès qu'elles passeraient dans les mains des particuliers; mais les colons en seraient affranchis pendant un nouveau terme de huit années. Nous avons vu, en effet, que ce n'est qu'au bout de la huitième année que les terrains donneraient une récolte entière; il importe donc qu'on mette le colon à même de faire quelques épargnes les années suivantes, afin qu'il puisse, si nous pouvons nous exprimer ainsi, se mettre au-dessus de ses affaires et regarder avec sécurité dans l'avenir. Il ne serait pas moins nécessaire de lui accorder, à lui qui ne posséderait rien ou presque rien lors de son entrée dans la colonie, une certaine somme pour l'aider à construire une habitation, à se procurer une vache, qui serait pour lui une ressource précieuse, et assurer en partie sa subsistance et l'entretien de sa vache pendant les premières années qui ne seront que peu productives. On conçoit facilement, toutefois, que le subside ajouté aux faibles produits des terres pendant la première période, ne suffirait pas pour subvenir à toutes les dépenses de la même période : mais les colons pourraient trouver de l'occupation dans les fermes; d'autres exerceraient une industrie quelconque; d'autres, enfin, auraient quelque fortune personnelle.

Les auteurs du dixième système proposent, comme nous l'avons vu plus haut, d'affermer les nouveaux villages, à la condition que les terres y annexées seraient exploitées en commun.

Sans parler des embarras et des difficultés qu'une pareille mesure créerait au gouvernement, nous dirons qu'elle nous paraît peu propre à attirer les colons et partant à assurer le défrichement; mais qu'on leur laisse entrevoir, comme récompense de leurs pénibles travaux, la possession du petit coin de terre qu'ils auraient rendu à l'agriculture, et on les verrait répondre avec empressement à l'appel qui leur serait fait. C'est pourquoi nous proposons de concéder définitivement au colon la terre qu'il aurait défrichée, mais seulement lorsqu'il aurait été constaté qu'elle est en plein rapport. Nous ne lui demandons aucun sacrifice pécuniaire de ce chef, parce que nous ne voulons pas, en exigeant le prix du terrain, le placer dans la gêne pendant une nouvelle période. Du reste, l'État aurait atteint son double but : les terres seraient en valeur et il aurait donné du pain à la classe ouvrière. Puis, ne trouverait-il pas une compensation dans l'impôt que le colon lui payerait à l'expiration des 16 années?

Nous savons que le défrichement par la colonisation, n'a pas l'approbation générale. Nous n'ignorons pas non plus que ce mode a ses inconvénients; mais ils peuvent être écartés, au moins en grande partie, par de sages mesures.

Il est vrai que « les colonies de Wortel et de Merxplas-Ryckevorsel n'ont pas produit jusqu'ici les résultats que l'on en espérait. La Société qui fonda ces colonies entreprit successivement le défrichement de 1000 hectares de bruyères. D'abord ces colonies furent assez peuplées. Mais cet état de choses dura peu, et la population alla bientôt constamment en décroissant. La plupart des fermes que la colonie avait fait bâtir (et qui s'élèvent à 133), pour des colons libres, sont restées désertes. Cependant la Société, qui s'était formée en 1821, reçut pendant 16 années un subside annuel de 35,000 fl. sur les fonds du trésor, et au 1er janvier 1830, il lui restait à rembourser sur un capital de fl. 803,000, la somme de fl. 679,000, ainsi le capital presque en entier! C'est que les ressources de la Société, bien qu'assez importantes, ont encore été insuffisantes (1). »

Mais n'oublions pas que Wortel et Merxplas sont des colonies *pénitentiaires*, et qu'on ne peut compter sur de grands résultats en employant des vagabonds et des fainéants, étrangers pour la plupart aux travaux agricoles et peu habitués à un travail rude et pénible. Que ces travaux soient confiés à des ouvriers flamands, brabançons et ardennais, et le succès sera assuré. Oui, nous dirons avec M. Ch. Van Lede (2) : « Lorsque la colonisation est dirigée avec intelligence et loyauté, elle peut espérer un brillant avenir. » C'est dans ces conditions que la colonie fondée assez récemment à Guatemala, par des Belges, paraît se trouver placée; aussi tout présage-t-il qu'elle atteindra le but que ses honorables fondateurs lui ont assigné.

Quant aux fermes et aux habitations des colons, il n'est pas inutile de faire remarquer que, d'après l'art. 3 de la constitution, elles ressortiraient aux communes sur le territoire desquelles elles se trouveraient établies; mais les nouveaux villages pourraient, si le besoin en était reconnu, être autorisés à se constituer en communes séparées.

---

(1) *Résumé*, pp. 118 et 119.

(2) *De la Colonisation du Brésil*, etc. Bruxelles, 1843.

Toutefois, lorsque de pareilles demandes surgiraient, il ne faudrait pas perdre de vue, que c'est surtout à enrichir les communes existantes qu'il faudrait tendre, et que « la multi- » plication du nombre des communes serait une véritable ca- » lamité. Rien n'est plus défavorable, en effet, à la bonne » administration du pays, rien n'est plus contraire à la bonne » entente des intérêts locaux. En outre, dans les petites com- » munes, il y a souvent insuffisance des revenus pour sub- » venir aux dépenses, et insuffisance de personnes aptes à » remplir les fonctions communales (1). » Au contraire, les réunions, en réduisant les frais, facilitent le choix des administrateurs communaux, rendent les rapports plus faciles et simplifient les rouages de l'administration. L'établissement de nouvelles communes ne devrait donc être autorisé qu'avec la plus grande réserve et que pour des motifs graves.

Il nous reste à parler de la vente des fermes. Si nous en proposons l'aliénation, c'est parce que l'État y perdrait sous plus d'un rapport en restant propriétaire : les frais d'exploitation lui coûteraient plus qu'aux particuliers. Mais trouverait-on des acheteurs? Nous l'avons dit : Il ne s'en présenterait que peu ou point pour les terres incultes; il n'en manquerait pas lorsqu'elles seraient en plein rapport. Les capitaux ne feraient pas non plus défaut : le dernier emprunt public qui a été fait pour le rachat de la dette néerlandaise permet au moins de l'espérer. En effet, la souscription ouverte pour le rachat de cette dette, a répondu au delà de toutes les espérances qu'on avait pu concevoir. Les sommes demandées se sont élevées à 187,500,000 francs, tandis que l'emprunt offert au public n'était que de 84,656,000 francs! Les souscripteurs n'ont donc eu que 45 pour cent du montant de leur soumission.

Du reste, le sol est borné dans son étendue, il acquiert chaque jour plus de valeur, et les terres à vendre sont presque toujours au-dessous de la quantité demandée (2). Ce serait là, d'ailleurs, un placement des plus sûrs pour certains capi-

(1) M. le baron de Stassart, *Discussions du sénat*; *Monit. belge* du 7 février 1843, n° 38.

(2) Droz, *loco citato*; — Ducpétiaux, *loco citato*.

taux qui restent aujourd'hui improductifs, parce que leurs détenteurs ne veulent pas les confier aux entreprises hasardeuses de l'industrie. La crise qu'elle subit actuellement et qui a tant soit peu refroidi l'élan des spéculateurs, ne sera sans doute pas d'une éternelle durée, et la confiance renaîtra chez les capitalistes. Mais n'oublions pas que les crises industrielles et commerciales reviennent à des époques périodiques ; ce sont là des épidémies pour lesquelles il n'y a pas de quarantaine possible.

Il est une autre considération qui milite en faveur de l'aliénation des fermes ; elle permettrait au gouvernement de rembourser les deux emprunts qu'il aurait faits. Ces emprunts, avons-nous dit, s'élèveraient ensemble à 30,000,000 de francs.

Rien que cela, nous répondra-t-on? Et vous demandez que l'État s'impose de pareilles sacrifices, dans un moment où le trésor présente un déficit de plusieurs millions?

S'il est vrai que le but de tout bon gouvernement doive être le bonheur du peuple, aucun sacrifice ne doit lui coûter lorsqu'il s'agit d'adoucir ses souffrances et d'augmenter son bien-être.

Du reste, dans notre système, l'État rentrerait dans ses avances et au delà : nous ne lui proposons pas d'obérer l'avenir pour avantager le présent, ni de charger la postérité d'acquitter les dettes de ses devanciers ; nous lui conseillons, au contraire, une mesure avantageuse à la génération présente et aux générations futures.

Mais l'entreprise aurait ses dangers, nous objecteront sans doute les esprits superficiels ou timorés? Eh bien, la circonstance que l'État pourrait faire des pertes, et qu'il s'exposerait même à ne rien récupérer de ses avances, ne nous ferait pas renoncer à notre système. Ces pertes ne seraient-elles pas amplement compensées par les avantages immenses que donnerait l'exécution du projet? Puis l'État n'a-t-il pas déjà dépensé près de 159,000,000 de francs pour les chemins de fer, qui cependant sont loin de se suffire à eux-mêmes (1)!

---

(1) Perrot, *Des Chemins de fer belges* ; Bulletin de la commission centrale de statist., 1re partie du t. II. — Brux., Hayez, 1844, p. 21 et 117.

Eh bien, c'est surtout dans l'intérêt de l'industrie commerciale qu'il a fait cette énorme mais utile dépense (1).

Fera-t-il moins pour l'industrie agricole? Mais elle est, comme l'industrie manufacturière et l'industrie commerciale, l'une des grandes artères qui répandent la vie dans les États, qui les fécondent, les rendent triomphateurs, leur donnent la force au dedans, et commandent le respect au dehors. Pour me servir des expressions d'un honorable sénateur, « l'industrie agricole, l'industrie manufacturière et l'industrie commerciale se donnent un appui mutuel; ce sont trois membres essentiels et inséparables d'un même corps; l'un souffre de l'état languissant de l'autre, tandis qu'ils prospèrent en recevant une protection égale (2). » En d'autres termes : tout se lie, tout s'enchaîne entre ces trois genres d'industrie; tous trois doivent donc être soutenus, encouragés. Mais l'exploitation des terres est l'industrie la plus importante : elle produit les subsistances et les matières premières; elle occupe la plus grande partie de la population; elle est donc la mère nourricière du peuple, la source première de la fortune publique et la base la plus solide des intérêts matériels de la société. Comme telle, elle mérite surtout d'être favorisée. Aussi les gouvernements de presque tous les États de l'Europe montrent-ils la plus vive sollicitude pour l'agriculture. En France, elle a son ministère spécial; en Prusse, le gouvernement est à la tête des progrès agricoles; sa législation sur la matière mérite d'être étudiée; en Autriche, l'enseignement agronomique marche de front avec l'instruction primaire; en Suisse, les jeunes gens vont compléter leur instruction à l'institut agricole de Hofwyl; en Suède, la Société d'agriculture de Stockholm est présidée par le Roi lui-même; la Bavière possède un institut agricole, et il y a une chaire d'économie rurale dans tous les séminaires de ce pays; enfin, en Russie, l'empereur accorde une protection particulière aux écoles

(1) Discussions à la chambre des représentants et du sénat. *Moniteur belge* des 27 mars et 1er mai 1834.

(2) M. Claes de Cook, *Discussion du projet de loi sur les droits différentiels. Monit. belge* du 18 juillet 1844.

d'agriculture. « L'agriculture, dit l'illustre successeur de J.-B. Say à la chaire d'économie politique du Collége de France, est le premier des arts; en l'oubliant, l'économie politique tomberait dans la même erreur qu'un astronome qui omettrait le soleil dans le tableau des cieux (1). »

Nous avons hâte de terminer cette longue exposition de la matière que nous examinons. Nous croyons avoir donné assez de développements à notre système, et avoir prouvé, d'une manière péremptoire, que si l'on veut sérieusement la solution du grand problème qu'on poursuit depuis des siècles, il est indispensable que la législature intervienne, et que le gouvernement prenne l'initiative du défrichement en se chargeant du soin de faire exploiter, aux frais du trésor, une bonne partie de nos terres incultes. Pour rendre notre système plus sensible, nous le formulerons en projet de loi comprenant les mesures que les chambres seraient appelées à décréter. Voici ce projet :

Art. 1er. Il sera dressé, aux frais du trésor public, pour chaque province, un plan figuratif de tous ses terrains incultes et vagues.

A ce plan sera annexée une légende indiquant : 1° les terrains communaux indivis; 2° les terrains communaux grevés d'un droit de propriété acquis à des tiers et résultant, soit de titres légaux, soit de la possession trentenaire; 3° les terrains communaux grevés de droits de pâturage, de paccage et autres semblables, en faveur de fermes, de hameaux ou de villages voisins; 4° les terrains propres à chaque commune, et 5° les terrains appartenant en toute propriété à l'industrie privée.

La légende fera aussi connaître les noms des parties intéressées, et la contenance des parcelles appartenant à chacune d'elles.

Art. 2. Six semaines après la publication du plan prémentionné dans chaque province, il sera procédé au partage des terres incultes et vagues indivises, d'après les règles tracées par la loi du 30 mars 1836.

Art. 3. Les terrains communaux grevés d'un droit de

(1) Michel Chevalier, *loco citato*, p. 3.

propriété acquis à des tiers et résultant, soit de titres légaux, soit de la possession trentenaire, sont concédés définitivement à leurs détenteurs actuels, qui continueront à servir la redevance qu'ils payent de ce chef à la commune.

Art. 4. Les terrains communaux seront purgés, parmi payement d'une indemnité préalable, des droits de pâturage, de paccage et autres semblables, dont ils sont grevés en faveur de fermes, de hameaux et de villages voisins. Cette indemnité sera réglée par des experts à désigner par les administrations des communes intéressées.

Art. 5. Les conseils communaux détermineront, sous l'approbation des députations permanentes, la portion de terrain à réserver au parcours commun, en prenant pour base de cette fixation un hectare par chef de famille.

Art. 6. Les conseils communaux arrêteront, dans les six semaines qui suivront l'opération prémentionnée, des règlements sur le droit de pâturage.

Art. 7. Les terrains autres que ceux désignés aux art. 3 et 5 de la présente loi, seront divisés en deux parties égales, dont l'une sera réservée à la commune; l'autre sera cédée à l'État. L'administration des domaines prendra possession des terres immédiatement après le partage.

Ne seront pas comprises dans l'expropriation, les communes dont les terrains, déduction faite de celles destinées au parcours commun, n'excéderont pas 10 hectares.

Art. 8. L'indemnité à payer pour les terres cédées à l'État sera réglée par experts, et convertie, jusqu'à remboursement, en inscriptions 3 p. °/₀ sur le grand livre de la dette publique; elle ne prendra cours qu'à partir du jour où les terrains seront livrés au défrichement.

Art. 9. Les hypothèques existantes sur les biens compris dans la cession faite à l'État, seront transportées sur ceux réservés à la commune.

Art. 10. Les contrées à défricher seront sillonnées de voies de communication, dont la nature, le nombre et l'étendue seront déterminés par le gouvernement.

Les emprises nécessaires à l'établissement de ces voies se feront, en cas de cession non volontaire des terrains, par voie d'expropriation, avec dispense des formalités judiciaires ordinaires; les indemnités à payer de ce chef seront réglées par experts.

Art. 11. Les contrées à défricher seront reboisées dans la proportion à déterminer par le gouvernement.

Art. 12. La partie de terre réservée à la commune sera exploitée d'après le mode suivant :

1° Chaque chef de famille qui ne paye pas de contributions ou qui ne paye pas au delà de 3 francs d'impôt direct, fera une journée de travail.

2° Chaque chef de famille ou d'établissement payant 3 fr. de contributions directes et plus, fera deux journées de travail.

3° Chaque chef de famille ou d'établissement fera, en outre, une journée de travail à raison de chaque cheval, bête de somme, de trait ou de selle.

4° Les tâches ne pourront être rachetées.

5° Les terrains seront défrichés successivement et aménagés à cette fin par le collége des bourgmestre et échevins. Seront pris pour base de cet aménagement, la quantité de terrains à défricher, le nombre de bras qui pourront y être employés et la hauteur des ressources communales qui pourront y être affectées.

6° Il sera porté annuellement au budget communal un crédit sous le libellé suivant : *Fonds spécial pour le défrichement des terres incultes de la commune.*

Ce fonds se composera : *a.* des inscriptions 3 p. % à payer par l'État; *b.* de la redevance des terres qui font l'objet de l'art. 3 précité; *c.* de l'indemnité mentionnée à l'art. 4; *d.* de l'indemnité à payer en vertu de l'art. 10; *e.* du revenu annuel des terres défrichées par la commune; *f.* d'une allocation à fournir, au besoin, par la caisse communale; *g.* de subsides à allouer par la province et par l'État, en cas d'insuffisance des ressources communales. Ces subsides seront prélevés sur les fonds destinés annuellement à encourager l'agriculture.

7° Les terrains pourront, au fur et à mesure qu'ils seront en plein rapport, être donnés en location aux habitants de la commune.

Art. 13. L'exploitation des terrains appartenant à l'État se fera de la manière suivante :

a. Ces terrains seront divisés en autant de cantons qu'ils comprendront de fois 240 hectares; à cet effet, il en sera dressé un plan figuratif par province.

b. Ces cantons seront exploités successivement et aménagés, à cette fin, en quatre périodes, chacune de huit années.

c. Il sera construit, au commencement de chaque période, autant de corps de fermes qu'il y aura de cantons; chaque ferme comprendra 120 hectares de terres.

d. A chaque ferme seront annexés 120 autres hectares de terres à partager, par portions égales, entre 60 familles pauvres à choisir de préférence parmi la classe ouvrière des Flandres.

e. Lors de l'admission de chaque famille dans la colonie, il lui sera alloué une prime de 1,000 francs qui lui sera payée en plusieurs termes, pour l'aider à couvrir les frais de construction d'une habitation, à acheter une vache et à pourvoir à son propre entretien et à la nourriture du bétail pendant les premières années d'exploitation.

f. Les fermes de la seconde période seront établies et les dépenses en seront couvertes au moyen du prix à provenir de la vente des fermes de la première période après qu'elles seront en plein rapport; le même mode sera suivi en ce qui concerne les fermes des deux autres périodes.

g. Le revenu annuel des fermes et le bénéfice que le gouvernement fera sur la vente des fermes de chaque période, serviront : 1° au payement de l'intérêt des deux emprunts dont il est parlé ci-après; 2° à couvrir les primes allouées aux colons; 3° à racheter les inscriptions 3 p. %.

h. Le prix à provenir de la vente des fermes de la dernière période, de même que l'excédant du bénéfice que le gouvernement pourra avoir réalisé sur les quatre ventes, sera affecté au remboursement des deux emprunts.

i. Les terrains dûment exploités par les colons leur seront cédés gratuitement au bout de chaque période; les colons qui n'auront pas rempli leur engagement, devront déguerpir.

Art. 14. Le gouvernement est autorisé à porter à 100 le nombre des bourses instituées par arrêté royal du 8 juin 1844, afin de former des ingénieurs agricoles pour les fermes de l'État. Ces bourses seront prélevées sur les fonds destinés annuellement à encourager l'agriculture. Elles seront supprimées de droit après la vente des fermes de la dernière période, sauf que le gouvernement pourra en conserver le nombre qu'il jugera nécessaire.

Art. 15. Tous les terrains défrichés seront exempts de l'impôt foncier pendant 16 ans, sauf que ceux qui feront partie des corps de fermes, seront soumis à cette contribution, dès qu'ils passeront, par la vente, dans les mains des particuliers.

Les colons établis dans les terres qui leur seront cédées par le gouvernement, jouiront, en outre, pendant le même laps de temps, de l'exemption de toute autre espèce d'impôts.

Art. 16. Les terres défrichées seront successivement cadastrées dans l'année qui précédera celle où l'exemption des contributions viendra à cesser.

Art. 17. Le gouvernement est autorisé à ouvrir en une ou en plusieurs fois, deux emprunts, l'un de 10,000,000, l'autre de 20,000,000 de francs, pour faire face aux dépenses qui résulteront de l'exécution des articles 10 et 13 de la présente loi.

Art. 18. Le gouvernement arrêtera les dispositions réglementaires nécessaires pour l'exécution de la présente loi, et présentera annuellement aux chambres, un rapport détaillé sur le degré d'avancement des travaux.

Art. 19. Il est ouvert au gouvernement un crédit spécial de 200,000 francs pour couvrir les frais divers que nécessitera l'exécution de la présente loi.

L'œuvre du défrichement est une œuvre nationale ; menée à bonne fin, elle changera la face du pays : elle est appelée à augmenter la richesse publique, à améliorer la condition de la classe ouvrière, à perfectionner l'agriculture, à accroître les ressources du trésor, à assurer des moyens d'existence aux générations futures. Oui, et nous le disons avec une intime conviction, les résultats qu'elle doit donner sont immenses ! Cependant elle est encore généralement incomprise, elle est accueillie avec défaveur. Eh bien! que la presse, ce quatrième pouvoir de notre époque; que les membres du clergé, les administrateurs communaux, les instituteurs, les receveurs de l'État; que tous ceux enfin qui, par leur position, exercent quelque influence sur leurs concitoyens, leur expliquent ce grand problème, et leur fassent comprendre les avantages qu'ils peuvent attendre de sa solution. Oh! alors, tous les préjugés tomberont, toutes les répugnances seront vaincues, et la mesure ne rencontrera plus d'obstacles; elle sera bientôt dans tous les vœux et considérée comme un véritable bienfait.

Nous ne nous dissimulons pas que notre système pourrait présenter des difficultés dans son exécution, mais aucun système n'en serait exempt; tout ce qu'on peut désirer, c'est de trouver celui qui mènerait le plus sûrement possible au défrichement, répondrait le mieux aux intentions bienfaisantes du Roi, et qui, tout en respectant les droits acquis, se concilierait avec les divers intérêts qui sont en présence. C'est à lui conserver ce caractère que nous avons mis *toute notre étude et nos soins.*

Bruxelles, le 10 août 1844.

FIN.

www.ingramcontent.com/pod-product-compliance
Ingram Content Group UK Ltd.
Pitfield, Milton Keynes, MK11 3LW, UK
UKHW021105270726
13993UKWH00006B/1030